科普知识博览·动植物百科

巨毒动物

JU DU DONG WU

王经胜 /编著

Science Book

北京联合出版公司
Beijing United Publishing Co.,Ltd.

图书在版编目（CIP）数据

巨毒动物 / 王经胜编著 .-- 北京：北京联合出版公司，2013.9（2022.1 重印）

（科普知识博览·动植物百科）

ISBN 978-7-5502-1909-0

Ⅰ.①巨… Ⅱ.①王… Ⅲ.①动物–普及读物 Ⅳ.① Q95-49

中国版本图书馆 CIP 数据核字（2013）第 216414 号

巨毒动物

编　　著：王经胜
选题策划：天昊书苑
责任编辑：崔保华
封面设计：尚世视觉
版式设计：程　杰

北京联合出版公司出版
（北京市西城区德外大街 83 号楼 9 层　100088）
北京一鑫印务有限责任公司印刷　新华书店经销
字数 100 千字　710 毫米 ×1092 毫米　1/16　12 印张
2013 年 10 月第 1 版　2022 年 1 月第 3 次印刷
ISBN 978-7-5502-1909-0
定价：49.80 元

前言 Preface

青少年是我们国家的未来，是实现中华民族伟大复兴的主力军。对于青少年来说，他们正处于博学求知的黄金时期。除了认真学习课本上的知识外，他们还应该广泛吸收课外的知识。青少年所具备的科学素质和他们对待科学的态度，对他们未来的成长会有深远的影响。因此，对青少年的科普教育和普及是极为必要的，这不仅可以丰富他们的学习、增加他们的想象力和思维能力，而且可以开阔他们的眼界、提高他们的知识面和创新精神。

本套《科普知识博览》丛书属于趣味型科普丛书，这是一套专为青少年量身打造的科普读物，它向读者展示了一个生动有趣的科普世界。翻开本套丛书，你会发现：科普知识不再如课本里讲述的那样乏味枯燥，而是变得鲜活、生动起来：科普知识不再是抽象的定理和公式，而早已渗透到我们生活的方方面面。通过这些富有神秘性、趣味性的知识话题，来满足读者的求知欲与好奇心。

本套系列书为了迎合广大青少年读者的阅读兴趣，配有相应的图文解说和介绍，多元素图文并茂的编排方式，再加上简约、大方的版式设计让人赏心悦目，使本书的知识内容变得更加的鲜活亮丽。在提高青少年感观效果的阅读时，享受这科普世界无穷无尽的乐趣。

Contents 目录

科普知识博览·动植物百科

Contents 目录

科普知识博览・动植物百科

第一章　巨毒动物知多少

在大自然中，有很多种动物，这些动物有的楚楚可人、有的憨态可掬，有的温顺可爱，有的狰狞恐怖，有的巨毒无比……

在这些千奇百怪的动物当中，你对于有毒的动物了解的又有多少呢？哪些种类的动物带有毒性呢？它们真正的有毒之处究竟在哪里呢？本章将为你介绍动物世界中常见的一些有毒动物。通过对本章的阅读，读者将对有毒动物有一个大致的了解。

巨毒动物盘点

根据美国毒理学家和微生物学专家的精心研究发现，以下几种动物当推世界巨毒动物之最。

◎ 箭毒蛙

箭毒蛙是美洲热带地区色彩鲜艳的毒蛙，其皮肤分泌物有些被南美洲部落用来涂抹在矛或箭的尖端。

箭毒蛙

◎ 黑寡妇蜘蛛

黑寡妇蜘蛛是一种具强烈神经毒素的蜘蛛。它是一种广泛分布的大型寡妇蜘蛛，通常生长在城市居民区和农村地区。黑寡妇蜘蛛这一名称一般特指属内的一个物种Latrodectus mectans，有时也指多个寡妇蜘蛛属的物种，其中已被识别的物种包括：澳洲红背蛛和褐寡妇蜘。

黑寡妇蜘蛛

◎ 澳洲方水母

澳洲方水母生活在澳大利亚沿海，之所以获此怪名，是因为它外形微圆，像一只方形的针。方水母中最毒的品种为“海胡蜂”，这种水母能置人于死地。它们个儿不大(直径不到20厘米)、半透明，接触它非常危险；毒性大，在水中难以发现,游速极快(超过4千米/小时)。一旦被它咬伤，开始并不觉得疼痛，但在30分钟内，肌肉就会僵直，呼吸衰竭，直至死亡。

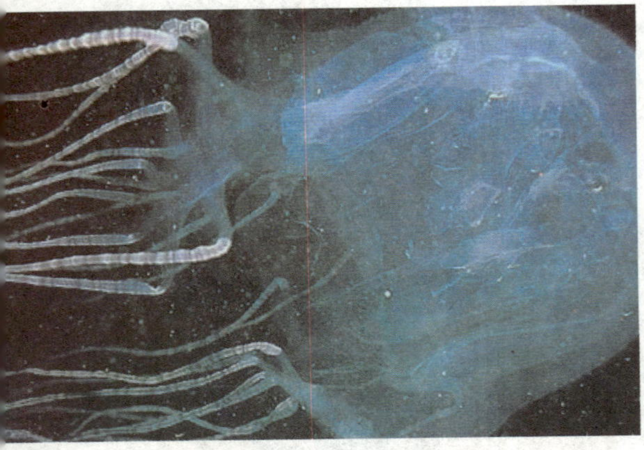

澳洲方水母

◎ 澳洲艾基特林海蛇

澳洲艾基特林海蛇与澳洲方水母栖身于同一水域，它张着一张大嘴，躯干略呈圆筒形，体细长，后端及尾侧扁平。它的毒性比眼镜王蛇还要大，如果被它咬一口，数十分钟内就会死亡。

◎ 澳洲蓝环章鱼

澳洲蓝环章鱼常在澳大利亚沿海水域出没。这种软体动物的身长仅15厘米，腕足上有美丽的蓝色环节，遇到危险时，身上和爪上深色的环就会发出耀眼的蓝光，向对方发出警告信号。它尖锐的嘴能够穿透潜水员的潜水衣，加上同时喷出的巨毒墨汁，足以使一个成年人在几分钟之内毙命。

澳洲艾基特林海蛇

澳洲蓝环章鱼

◎ 毒鱼由

毒鱼由栖身于澳大利亚沿海水域。貌不惊人，身长只有30厘米左右，爱躲在海底或岩礁下，将自己伪装成一块不起眼的石头，即使你站在它的身旁，它也一动不动，让你发现不了。要是不留意踩着了它，它就会毫不客气地立刻反击，向外发射出致命的巨毒。

◎ 巴勒斯坦毒蝎

巴勒斯坦毒蝎生活在以色列和远东的其他一些地方。它们是地球上毒性最强的蝎子，它长长的螯的末尾，是带有很多毒液的螯针，会趁你不注意刺你一下，螯针释放出来的强大毒液能让你极度疼痛、抽搐、瘫痪，甚至心跳停止或呼吸衰竭。

巴勒斯坦毒蝎

◎ 澳大利亚漏斗形蜘蛛

澳大利亚漏斗形蜘蛛生活在澳大利亚悉尼市近郊。它被视为毒性最强的蜘蛛，其毒牙可以穿透人类的指甲。与多数过着宁静生活的蜘蛛不同，这种小家伙极具侵略性，一旦受到打扰就会举起后腿，并不断咬受害者。雄蜘蛛的体型比雌蜘蛛小，但雄蜘蛛毒液的毒性是雌蜘蛛的5倍。

澳大利亚漏斗形蜘蛛

◎ 澳洲泰斑蛇

澳洲泰斑蛇泰斑蛇生于澳洲北

部，每咬一口释出的毒液足够杀死150人。

澳洲泰斑蛇

◎ 眼镜王蛇

眼镜王蛇专以吃蛇为生，令众多蛇类闻风丧胆，它的地盘其他蛇类休想生存。一旦它受到惊吓，便凶性大发，身体前部会高高立起，吞吐着又细又长、前端分叉的舌头，头颈还会随着猎物灵活转动，猎物想逃，极为困难。最可怕的是，即使不惹它，它也会主动发起攻击。

◎ 非洲黑曼巴蛇

非洲黑曼巴蛇是世界毒蛇中体型最长、速度最快、攻击性最强的杀手。它能以高达19千米的时速追逐猎物，而且只需两滴毒液便可致人于死地。更可怕的是，不管在任何时候，黑曼巴的毒牙里都有20滴毒液，大约含有两匙的毒汁。人类一旦被它咬到，几乎百分之百死亡。当它攻击目标时，注入的一滴毒汁，就足以杀死一头大象。

非洲黑曼巴蛇

眼镜王蛇

常见的有毒动物

由动物产生或本来具有用来捕食或自卫的有毒物质称为动物毒素，动物毒素大多数为大分子量的类似蛋白质的物质。主要通过身体接触，咬伤或者经口进入使人中毒。

◎ 爬行类有毒动物

（1）蛇毒

蛇的种类很多，其中相当一部分无毒，能产生毒素的主要有海蛇、蝰蛇、眼镜蛇和响尾蛇四类。其有毒成分是毒蛇毒液腺分泌的一种毒液，味道腥臭，成分相当复杂，主要含毒蛋白。我国目前的有毒蛇有50余种，其中对人有生命危害的巨毒蛇主要有眼镜蛇、海蛇、蝰蛇、蝮蛇等，大多分布在长江以南地区，水生毒蛇毒性更强，如铜头、响尾、眼镜蛇等。下面我们来讨论一下不同蛇毒的中毒表现：

海　蛇

眼镜蛇

蝰　蛇

蝮　蛇

①海蛇：周身肌肉疼痛，躯干、颈部、臂部僵直，偶发肾功能衰竭。

②眼镜蛇：昏睡、胸闷、肌无力、面部肌肉麻痹、瘫痪、呼吸困难、循环系统衰竭而死亡。

③蝰蛇：中枢神经麻痹、循环系统衰竭、全身出血，严重者死亡。

④蝮蛇：局部皮肤红肿、剧痛、水泡、血泡、组织坏死脱落，难以愈合。

如果不小心中了蛇毒，可采用以下救治方法：

①让病人安静，解除病人的恐惧状态，结扎伤肢，阻断静脉回流。擦去蛇毒，并用碘酒消毒，必要时切开伤口、吸出毒液，立即送往医院。

②全身用药，注射抗蛇毒血清，中草药治疗。

(2) 有毒蜥蜴

被有毒蜥蜴咬伤后可造成伤口疼痛、肿胀，引起休克及中枢神经抑制，但一般不会致命。

◎ 两栖类巨毒动物

两栖类巨毒动物毒素主要成分为生物胺、蛋白质、多肽、生物碱等。

（1）青蛙毒素

箭毒蛙含可致命的生物碱，是所有有毒物质中毒性最强的，会使人心律不齐、脉搏停止。

（2）蟾蜍毒素

蟾蜍毒素为甾体化合物，产生心脏毒性。

（3）蝾螈毒素

蝾螈毒素含有多种生物碱，中毒后会使人中枢神经兴奋、癫痫、瞳孔散大、心律不齐、呼吸困难、麻痹死亡。

◎ 哺乳类有毒动物

哺乳动物中，有毒的鸭嘴兽是一种奇特的动物，分布于澳大利亚东部约克角至南澳大利亚之间，在塔斯马尼亚岛也有栖息。

鸭嘴兽是澳洲特有的珍贵稀有动物，但也是世界上目前发现的唯一一种有毒哺乳动物。雄性鸭嘴兽后足有刺，内存毒汁，喷出可伤人，几乎与蛇毒相近，人若受毒距刺伤，即引起剧痛，以至数月才能恢复。这是它的“护身符”，雌性鸭嘴兽出生时也有毒距，但在长到30厘米时就消失了。

◎ 鱼　类

（1）鲀毒鱼类

鲀毒鱼类约有80余种，其中河鲀味道最美，其肝脏和卵巢含毒最高，毒性最大。烹饪后可保持毒性。中毒后，手指麻木、恶心呕吐、肌肉麻痹、血压升高、说话困难、神志不清、呼吸衰竭而死亡。1～2毫克即可死亡。

（2）胆毒鱼类

胆毒鱼类包括草鱼、青鱼、鲢鱼等淡水适用鱼，鱼肉无毒，胆汁有毒，含鱼胆毒素。中毒后，损伤胃、肝，肝肿大，触痛，全身黄疸，少尿无尿并发血尿，严重心律紊乱，全身抽搐，昏迷，肝、肾损伤而死亡。

（3）卵毒鱼类

卵毒鱼类我国西南、西北、长江以南的十多种鲤科、鲶科鱼类，中毒后会引起胃肠症状、运动失调、全身抽搐、昏迷、偶尔呼吸衰竭死亡。

（4）肉毒鱼类

肉毒鱼类是分布于福建以南海域的鳝科等鱼类，含有雪卡毒素。中毒后，嘴及手指有刺痛感，皮肤瘙痒，对温度有相反感觉，中毒严重会失去活动能力，但很少致死。

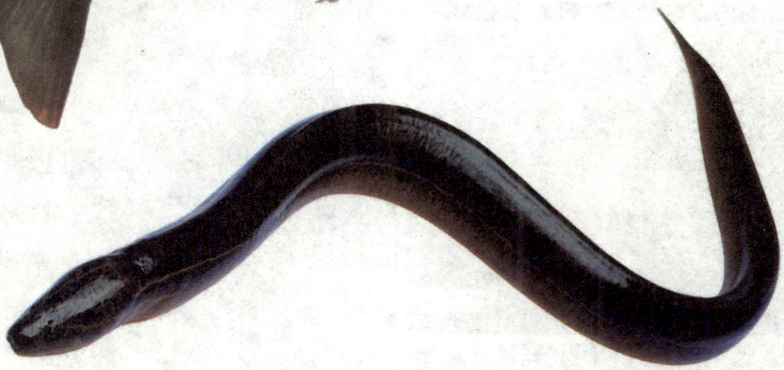

◎ 腔肠动物

腔肠有毒动物主要有水母、水螅、海蜇、珊瑚等。毒素主要为毒蛋白，接触皮肤后，一般产生疼痛，心脏毒性，严重者死亡。

水 母

水 螅

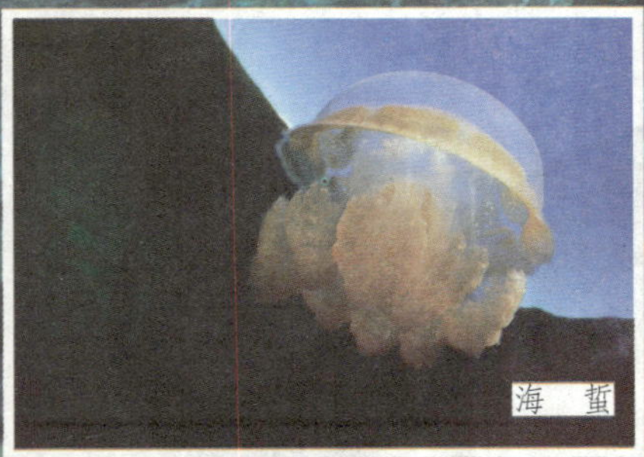
海 蜇

◎昆　虫

（1）胡蜂、蜜蜂

叮咬后会引起过敏性休克、呕吐、心悸，呼吸困难、局部红肿、疼痛、组织坏死。

（2）蚂蚁

叮咬后产生灼烧感，红肿、瘙痒，出现脓疱、溃疡，形成瘢痕。

（3）斑蝥

叮咬后皮肤发疱，出现溃疡、呕吐、便血，严重者可损伤心脏及肾脏、肾衰竭而死亡。

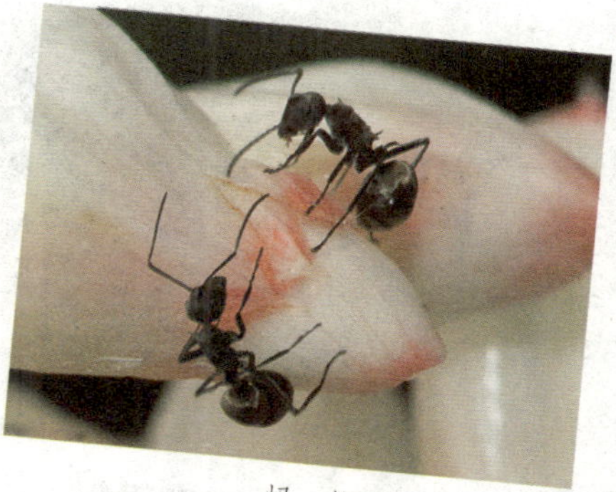
蚂　蚁

蜜　蜂

斑　蝥

蝎 子

（4）蝎子

与蛇毒类似，甚至更强。中毒后，局部疼痛、水肿，全身发烧、出汗、骚动、流口水、头疼、胸腹疼、神志不清、呼吸困难、短暂失明、呼吸紊乱、心脏衰竭而死亡。

蜈 蚣

（5）蜈蚣

中毒后局部烧灼，疼痛红肿，可引起淋巴炎。

（6）蜘蛛

中毒后运动瘫痪、肌无力、呼吸急促、语言困难、进一步局部组织坏死，由于出现溶血危象而死亡。

蜘 蛛

第二章　爬行类巨毒动物

动物可以分为很多种类，最大的两类就是脊椎动物和无脊椎动物。其中脊椎动物又可以分为鱼类、爬行类、鸟类、两栖类、哺乳类。

在本章里，将为读者详细介绍爬行类巨毒动物中的有毒蛇类和有毒蜥蜴类。从本章中，读者可以了解到大自然中的有毒蛇的种类和品种，以及有毒蜥蜴的形态特征和它们的毒性情况。响尾蛇是自然界里的诡异杀手，光它尾部的响环发出声响，在向入侵者发出警告的时候就足以让人感到十分具有威慑力；毒液眼镜蛇，具有十分艳丽的外表，但是却隐藏着重重杀机，其毒性可以置人于死地；海蛇，虽是海里的蛇类，但是它的胆识和毒性也不亚于陆地的蛇的厉害；东部棕蛇，是发现于澳洲大陆的蛇，其毒性居世界毒蛇的第二位……

通过对本章的了解，可以帮助读者在以后的出行或者旅游的时候，辨别有毒蛇类及有毒蜥蜴类，掌握相关的防御被咬措施和一定的急救方法，保障出行人的安全。

响尾蛇

（1）响尾蛇的体貌特征及生活习性

响尾蛇，脊椎动物，爬行纲，蝮蛇科（响尾蛇科）。一种管牙类毒蛇，蛇毒是血循毒。一般体长约1.5～2米。体呈黄绿色，背部具有菱形黑褐斑。尾部末端具有一串角质环，为多次蜕皮后的残存物，当遇到敌人或急剧活动时，迅速摆动尾部的尾环，每秒钟可摆动40～60次，能长时间发出响亮的声音，致使敌人不敢近前或被吓跑，故称为响尾蛇。响尾蛇的眼和鼻孔之间具有颊窝，是热能的灵敏感受器，可用来测知周围敌人（温血动物）的准确位置。肉食性，喜食鼠类、野兔，也食蜥蜴、其他蛇类和小鸟。常多条集聚一起进入冬眠。卵胎生，每产仔蛇多达8～15条。主要分布于南、北美洲。

蝰蛇科响尾蛇亚科约30种，是新大陆毒蛇的统称。其特征为尾部具响环，摆动时发出声响。为一种颊窝蝰蛇。眼与鼻孔之间各有一具热感受能力的眼前窝，有助于捕捉猎物。响环由疏松连接若干角质环片组成，可能是一种警告器；响环每次蜕皮便增加一节,成体一般有 6 ~ 10 节。

响尾蛇有 2 属：侏响尾蛇属体小，头顶上有 9 块大鳞片；响尾蛇属的体型大小不一，因种而异，但头顶上的鳞片都很小。北美洲最常见的是美国东部和中部地区的木纹响尾蛇（即带状斑纹响尾蛇）、美国西部几个州的草原响尾蛇以及东部菱斑响尾蛇和西部菱斑响尾蛇，后一种为响尾蛇中体型最大的。响尾蛇分布在加拿大至南美洲一带的干旱地区，体长差距较大，如墨西哥几种较小的种约只有 30 厘米，而东部菱斑响尾蛇约可达 2.5 米。有少数种带有横条斑纹，多数为灰色或淡褐色，带有深色钻石形、六角形斑纹或斑点，有些种类为深浅不同的橘黄色、粉红色、红色或绿色，鉴定有时困难。

东部菱斑响尾蛇

多数种类的响尾蛇捕食小型动物，主要是齧齿类动物；幼蛇主要以蜥蜴为食。响尾蛇所有种类皆为卵胎生，通常一窝生十几条。与其他东部菱斑响尾蛇类一样，响尾蛇既不能耐热又不能耐寒，所以热带地区的种类已变为昼伏夜出，暑天时躲在各种隐蔽处（如地洞），冬天群集在石头裂缝中休眠。

角响尾蛇生活在沙漠或红土中那些被风吹过的松沙地区。它是靠横向伸缩身体前进的，方式很奇特。

角响尾蛇在夜幕降临后不久就开始捕食。它吃啮齿类动物，例如更格卢鼠和波氏白足鼠。白天它在老鼠洞里休息，或是将自己埋藏在灌木下，与沙面保持同高，很难被发现。

像其他响尾蛇一样，角响尾蛇的尾部有响环，这是由它身上一系列的干鳞片组成的。这些鳞片曾经也是有活力的皮肤，变成死皮后就成了干鳞片。角响尾蛇会摇动响环，向入侵者发出警告：被它咬到是会中毒的！

角响尾蛇靠一种奇特的横向伸缩的方式穿越沙漠，这使它抓得住松沙，在寻找栖身之处或猎物时行动迅速。

更格卢鼠

当角响尾蛇从沙地上穿过时，会留下其独有的一行行踪迹。

响尾蛇为了长大而蜕皮。每次蜕皮，皮上的鳞状物就被留下来添加到响环上。当它四处游动时，鳞状物会掉下来或是被磨损。野生蛇的响环上很少超过 14 片鳞片，而在动物园里饲养的蛇可能会有多达 29 片的鳞片。

响尾蛇和蝮蛇一类的蛇，它们的“热眼”都长在眼睛和鼻孔之间叫颊窝的地方。颊窝一般深 5 毫米，只有一粒米那么长。这个颊窝是个喇叭形，喇叭口斜向朝前，其间被一片薄膜分成内外两个部分。里面的部分有一个细管与外界相通，所以里面的温度和蛇所在的周围环境的温度是一样的。而外面的那部分却是一个热收集器，喇叭口所对的方向如果有热的物体，红外线就经过这里照射到薄

角响尾蛇

膜的外侧一面。显然，这要比薄膜内侧一面的温度高，布满在薄膜上的神经末梢就感觉到了温差，并产生生物电流，传给蛇的大脑。蛇知道了前方什么位置有热的物体，大脑就发出相应的“命令”，去捕获这个物体。

响尾蛇尾巴的尖端地方，长着一种角质链装环，围成了一个空腔，角质膜又把空腔隔成两个环状空泡，仿佛是两个空气振荡器。当响尾蛇不断摇动尾巴的时候，空泡内形成了一股气流，一进一出地来回振荡，空泡就发出了“嘎啦嘎啦”的声音。

（2）响尾蛇的毒性状况

响尾蛇皆为毒蛇，对人有危害。随着蛇咬伤治疗方法的不断改进以及一些民间疗法的抛弃（许多民间方法给受毒害者带来更大的危险），响尾蛇咬伤已不再像以前那样威胁人类的生命。尽管如此，被其咬伤还是要遭受很大的痛苦。响尾蛇中毒性最强的是墨西哥西海岸响尾蛇和南美响尾蛇，这两种蛇的毒液对人类神经系统的毒害更甚于其他种类。在美国，毒性最强的响尾蛇是菱斑响尾蛇。

南美响尾蛇

趣味怪事

响尾蛇死后咬人的秘密

响尾蛇奇毒无比，足以将被咬噬之人置于死地，但死后的响尾蛇也一样危险。美国的研究指出，响尾蛇即使在死后一小时内，仍可以弹起施袭。

美国亚利桑那州凤凰城“行善者地区医疗中心”的研究者发现，响尾蛇在咬噬动作方面有一种反射能力，而且不受脑部的影响。

研究员访问了34名曾被响尾蛇咬噬的伤者，其中5人表示，自己是被死去的响尾蛇咬伤。即使这些响尾蛇已经被人击毙，甚至头部切除后，它仍有咬噬的能力。

科学家一直以来只知道，响尾蛇的头部拥有特殊器官，可以利用红外线感应附近发热的动物。而响尾蛇死后的咬噬能力，就是来自这些红外线感应器官的反射作用；即使响尾蛇的其他身体机能已停顿，但只要头部的感应器官组织还未腐坏，即响尾蛇在死后一个小时内，仍可探测到附近15厘米范围内发出热能的生物，并自动做出袭击的反应。科学家根据这一原理发明出许多周边商品，并广泛运用于军事。

人类被咬后，立即便有严重的刺痛灼热感，然后会晕厥，这是初期的症状。晕厥时间短至几分钟，长至几个小时。恢复意识后人类会感觉身体加重，被咬部位肿胀，呈紫黑色；体温升高，开始产生幻觉，视线中所有物体呈一种颜色（大部分呈褐红色或酱紫色）。响尾蛇的毒液与其他毒蛇毒液不同，其毒液进入人体后，会产生一种酶，使人的肌肉迅速腐烂，破坏人的神经纤维,进入脑神经后致使脑死亡。生还者回顾说,切开肿胀的胳膊,会发觉整个胳膊的肉都烂掉了，里面都是黑黑的粘乎乎的东西，就如同熟透了而烂掉的桃子。

眼镜蛇

（1）简介

眼镜蛇是眼镜蛇科中的一些蛇类的总称，主要分布在亚洲和非洲的热带和沙漠地区。眼镜蛇最明显的特征是颈部，该部位肋骨可以向外膨起用以威吓对手。因其颈部扩张时，背部会呈现一对美丽的黑白斑，看似眼镜状花纹，故名眼镜蛇。

多数种类的眼镜蛇颈部肋骨可扩张形成兜帽状。尽管这种兜帽是眼镜蛇的特征，但并非所有种类皆与此兜帽密切相关。

眼镜蛇的毒牙短，位于口腔前部，有一道附于其上的沟能分泌毒液。眼镜蛇的毒液通常含神经毒，能破坏被掠食者的神经系统。其主要以小型脊椎动物和其他蛇类为食。

眼镜蛇（尤其是较大型种类）的噬咬可以致命，取决于注入毒液量的多少，毒液中的神经毒素会影

响呼吸；尽管抗蛇毒血清是有效的，但也必须在被咬伤后尽快注射。在南亚和东南亚，每年会发生数千起相关的死亡案例。

（2）几种典型的眼镜蛇

①眼镜王蛇

眼镜王蛇是世界上最大的毒蛇，主要分布于印度经东南亚至菲律宾和印度尼西亚一带，在海拔1800 ~ 2000米的山林的边缘靠近水的地方生活。它体型较大，最长达6米，在它黑、褐色的底色上间有白色条纹；它的腹部颜色为黄白色。幼蛇为黑色，并有黄白色笫纹。

眼镜王蛇喜欢独居。白天出来捕食，夜间隐匿在岩缝或树洞内歇息。它不仅非常凶猛，靠喷射毒液或扑咬猎物获取食物，而且也是世界上最大的一种前沟牙类毒蛇。眼镜王蛇之所以闻名遐尔，是因为它除了捕食老鼠、蜥蜴、小型鸟类，同时还捕食蛇类，包括金环蛇、银环蛇、眼镜蛇等有毒蛇种。

眼镜王蛇属卵生动物，通常用落叶筑成巢穴，每年7 ~ 8月间产卵，每次产20 ~ 40枚卵于落叶所筑巢中，卵径达65.5毫米 ×33.2毫米。雌蛇有护卵性，常时间盘伏于卵上护卵，孵出的幼蛇体长为50厘米。

因为眼镜王蛇肉质鲜美，蛇皮可制成工艺品，蛇毒、蛇胆又有极高的药用价值，所以在野外被发现的眼镜王蛇无一幸免，全部遭到捕杀，如不及时采取保护，将会有灭绝的可能。目前，眼镜王蛇已被列入《濒危野生动植物种国际贸易公约》附录II名录中。

眼镜王蛇在毒王榜上排名第9，

专以吃蛇为生的眼镜王蛇令众多蛇类闻风丧胆，它的地盘休想有其他蛇类生存。一旦它受到惊吓，便凶性大发，身体前部高高立起，吞吐着又细又长、前端分叉的舌头，头颈随着猎物灵活转动，猎物想逃，可没那么容易！最可怕的是，即使不惹它，它也会主动发起攻击。被它咬中后，大量的毒液会使人不到1小时就死亡。

②黑颈眼镜蛇

印度眼镜蛇过去被认为是与眼镜王蛇的分布区域大致相同的一个单一物种。

然而，最近生物学家已发现亚洲存在着近12种眼镜蛇，一些种类会喷射毒液，其余则不会。黑颈眼镜蛇的体型（多数介于1．25～1．75米）和毒液的毒性各有不同，喷射毒液的眼镜蛇透过毒液导管的肌

珊瑚眼镜蛇

眼镜王蛇

肉收缩和迫使气体自肺部吐出而将毒液自毒牙里喷出。

③珊瑚眼镜蛇

珊瑚眼镜蛇也叫开普珊瑚蛇，是蛇亚目眼镜蛇科盾鼻蛇属的一种毒蛇。它有着一般眼镜蛇的特色颈折（其颈折部位未如印度眼镜蛇般完善）及硕大的鼻吻部位。珊瑚眼镜蛇的头部很小，吻鳞较大（有利于打洞），躯体粗壮，躯体鳞片细小。

该种有三个亚种：生活在分布区最南端的指名亚种特征是体背呈珊瑚红，体侧下方浅红色或乳白色，有黑色横斑；纳米比亚亚种的体背呈土白色或灰棕色，具浅色横斑，头部黑色；安哥拉亚种通体土白色或灰棕色，头部色彩很淡。珊瑚眼镜蛇一般生活在灌木丛、沙漠草丛之中，每次产卵约为3～11枚。

④其他

在非洲也有不会喷射毒液的眼镜蛇，但和亚洲的眼镜蛇彼此间无亲缘关系。南非的唾蛇（又译粗皮小眼镜蛇）和广泛分布于非洲的黑颈眼镜蛇皆会喷毒，后者体型较小。毒液准确地喷射入超过2米外的受害者眼内，若不及时清洗可导致暂时性或永久性失明。埃及眼镜蛇呈黑色，颈

珊瑚眼镜蛇

唾　蛇

部膨胀所成兜状较窄，长约 2 米，广泛分布在非洲大部分地区并向东分布至阿拉伯半岛一带。埃及眼镜蛇通常捕食蟾蜍和鸟。

（3）物种分析

①分布地区

眼镜蛇俗称饭匙倩、蝙蝠蛇、胀颈蛇、扇头风。主要分布于中国南方云南、贵州、安徽、浙江、江西、湖南、福建、台湾、广东、广西、海南等地，北方也偶尔可见。国外主要见于越南等地。生活于平原、丘陵、山区的山野、田边和住宅附近。北京动物园 19 年首次饲养展出眼镜蛇，1970 年繁殖成功。

②特征介绍

眼镜蛇为中大型毒蛇，体色为黄褐色至深灰黑色，头部为椭圆形，当其兴奋或发怒时，头会昂起且颈部扩张呈扁平状，状似饭匙。又因其颈部扩张时，背部会呈现一对美丽的黑白斑，看似眼镜状花纹，故名眼镜蛇。背鳞列数为 21 纵列。

③毒性成份

毒素为毒蛋白 -Cobrotoxin，分子量为 6949、心脏毒素 Cardiotoxin 及磷酯酵素 A。

④中毒症状

毒蛋白 – Cobrotoxin 作用于运动神经支配的横纹肌，使其痉挛而麻痹，与箭毒素作用相同。同时具有心脏毒素为细胞毒性，动物实验上可以使平滑肌及心肌停止收缩，使血压下降，也会破坏局部组织引起细胞坏死及局部红肿痛，另富含磷酯酵素 A 可分解磷酯质，而引起间接溶血作用。

⑤生活习性及体貌特征

眼镜蛇头椭圆形，颈部背面有白色眼镜架状斑纹，体背黑褐色，间有十多个黄白色横斑，体长可达

2米。具冬眠行为。以鱼、蛙、鼠、鸟及鸟卵等为食。繁殖期6～8月，每产10～18卵，自然孵化，亲蛇在附近守护，孵化期约50天。

眼镜蛇被激怒时，会将身体前段竖起，颈部两侧膨胀，此时背部的眼镜圈纹愈加明显，同时发出“呼呼”声，借以恐吓敌人。

我国的眼镜蛇大多是指眼镜王蛇。

（4）名称来历

眼镜蛇名字的由来应该是近代17、18世纪以后眼镜出现后附会而成，最后成为了正式名称。在正式命名前是没有统一名称的，中国历史上对蛇类大多都没有专门名称，民间对眼镜蛇曾有很多叫法，如山万蛇、过山风波、大扁颈蛇、大扁头风、扁颈蛇、大膨颈、吹风蛇、过山标、膨颈蛇、过山风、饭铲头等。

眼镜蛇是中国一级保护动物，被列入濒危野生动植物种国际贸易公约附录。

眼镜蛇科最新分类把海蛇科和扁尾海蛇科并入了眼镜蛇科，分为：眼镜蛇亚科、扁尾海蛇亚科、海蛇亚科。均是毒蛇，除了欧洲和马达加斯加外，在世界大部分的温暖地区都可以发现它们。

眼镜蛇科具有以下主要特征：上颌骨较短，前端具有沟牙，沟牙之后往往有1至数枚细牙，系前沟牙类毒蛇，蛇毒液含神经毒为主。本科蛇类不爱活动，头部呈椭圆形，从外形看与无毒蛇不易区别。头背具有对称大鳞，无颊鳞。瞳孔圆形，尾圆柱状，整条脊柱均有椎体下突。我国眼镜蛇只有4属8种，如银环蛇、金环蛇、眼镜蛇、眼镜王蛇等主要巨毒蛇。

趣味怪事

印度发现白化眼镜蛇

2008年9月3日，在印度东南部，发现一条白化眼镜蛇。

据科学家分析，该蛇的皮肤里有许多色素细胞，使蛇体呈现出一定的颜色。科学家们认为，这些色素是由其体内的某些种类的酶控制的。如果环境因素改变，使蛇体内那些控制色素的酶种类和数量发生了变化，蛇就改变了体色，如果色素消失，蛇就会变为白色，蛇的体色一旦发生变化，一般不会再次改变，要保持一段时间甚至到老不再变。因此，自然界中就有了白蛇。

海 蛇

(1) 海蛇特征

海蛇亦称“青环海蛇”“斑海蛇”，爬行纲，海蛇科。身体扁平，尾呈桨状，适于水生生活。鼻孔开口于吻背，有瓣膜司开闭。有几种的躯干比头和颈部粗，在咬猎物时能保持身体稳定。有的像陆栖种类那样具宽大的腹鳞，其他种类腹鳞皆小，不适于陆地。多数体长约 1.2 米；最大的体长相当于一般种类的两倍。大多栖于澳大利亚和亚洲的沿海及海湾，仅黑背海蛇分布于太平洋至马达加斯加和整个西半球。体长约 1 米。深棕色或黑色，腹部为鲜明的黄色，吃鱼。有时集大群于海面晒太阳。扁尾蛇亚科有几个种上陆地产卵，其他皆于海中产幼蛇。海蛇一般冲击缓慢，但有的种类（如青环海蛇和钩嘴海蛇）具有致命的可能性。

(2) 海蛇现状

在蛇类演化的早期阶段，地球上曾出现过巨大的海蛇，这些大海蛇只存在很短的时间就灭绝了，仅留下为数不多的化石，作为它们旧日曾活在世上的见证。

现代海蛇的个体都不很大，它们对于海洋生活环境已有了不同程度的适应性。在北起菲律宾岛、南到大洋洲北部、西至印度海岸的广大海区有一种历史最古老的海蛇——锉蛇，这是海蛇中少有的无毒蛇类，体长大约60厘米至1米之间，肌肉松软，身体呈黄褐色，表面有很细的粒状鳞片。锉蛇的心血管和呼吸的生理机能非常适于水中生活，它的血红蛋白输氧效率特别高，潜水时的心跳可降到每分钟1次以下。它在水中的潜伏时间可以长达5小时之久，而在这期间的呼吸功能有13%是通过皮肤进行的。锉蛇唇部的组织和鳞片能将嘴封得滴水不漏，下颌有一个盐分泌腺，用来分担肾脏排泄盐分的沉重负担。如今，锉蛇已十分少见。

现存的海蛇约有50种，它们和眼镜蛇有着密切的亲缘关系。世界上大多数海蛇都聚集在大洋洲北部至南亚各半岛之间的水域内。这些海蛇之所以能在海中大量活下来，一是因为它们都有像船桨一样的扁平尾巴，很善于游泳；二是因为它们都有毒牙，能杀死捕获物和威慑敌人。这些海蛇也有和锉蛇类似的盐分泌腺和能够紧闭的嘴。但总的说来，它们的生理机能对海洋的适应性不如锉蛇，这可能是由于它们

在海中生活的历史不如锉蛇长的缘故。

海蛇喜欢在大陆架和海岛周围的浅水中栖息，在水深超过100米的开阔海域中很少见。它们有的喜欢呆在沙底或泥底的混水中，有些却喜欢在珊瑚礁周围的清水里活动。海蛇潜水的深度不等，有的深些，有的浅些。曾有人在四五十米水深处见到过海蛇。浅水海蛇的潜水时间一般不超过30分钟，在水面上停留的时间也很短，每次只是露出头来，很快吸上一口气就又潜入水中了。深水海蛇在水面逗留的时间较长，特别是在傍晚和夜间更是不舍得离开水面。它们潜水的时间可长达2～3个小时。

海蛇对食物是有选择的，很多海蛇的摄食习性与它们的体型有关。有的海蛇身体又粗又大，脖子却又细又长，头也小得出奇，这样的海蛇几乎全是以掘穴鳗额为食。有的海蛇以鱼卵为食，这类海蛇的牙齿又小又少，毒牙和毒腺也不大。还有些海蛇很喜欢捕食身上长有毒刺的鱼，在菲律宾的北萨扬海就有一种专以鳗尾鲶为食的海蛇。鳗尾鲶身上的毒刺刺人非常痛，甚至能将人刺成重伤，可是海蛇却不在乎这个。除了鱼类以外，海蛇也常袭击较大的生物。

在海蛇的生殖季节，它们往往聚拢一起，形成绵延几十千米的长蛇阵，这就是海蛇在生殖期出现的大规模聚会现象。有的港口有时会因海蛇群浮于水面而整个沸腾起来。完全水栖的海蛇繁殖方式为卵胎生，每次产下3～4尾20～30厘米长的小海蛇。但能上岸的海蛇，依然保持卵生，它们在海滨沙滩上产卵，任其自然孵化。

海蛇也有天敌，海鹰和其它肉食海鸟就吃海蛇。它们一看见海蛇在海面上游动，就疾速从空中俯冲下来，衔起一条就远走高飞，尽管海蛇凶狠，可它一旦离开了水就没有了进攻能力，而且几乎完全不能自卫。另外，有些鲨鱼也以海蛇为食。至于其他有关海蛇天敌的情况，目前了解还不多。

（3）海蛇毒素

海蛇的毒液属于细胞毒素，是最强的动物毒。钩嘴海蛇毒液相当于眼镜蛇毒液毒性的2倍，是氰化钠毒性的80倍。海蛇毒液的成分是类似眼镜蛇毒的神经毒，它的毒液对人体损害的部位主要是随意肌，而不是神经系统，所以属细胞毒素。海蛇咬人无疼痛感，其毒性发作又有一段潜伏期，被海蛇咬伤后30分钟甚至3小时内都没有明显中毒症状，然而这很危险，容易使人麻痹大意。实际上海蛇毒被人体吸收非常快，中毒后最先感到的是肌肉无力、酸痛，眼睑下垂，颌部强直，有点像破伤风的症状，同时心脏和肾脏也会受到严重损伤。被咬伤的人，可能在几小时至几天内死亡。大多数海蛇都是在受到骚扰时才伤人。

两栖海蛇共有5种，性情相当温和，可以任人摆布。与其他胎生海蛇不同，两栖海蛇是卵生的，在产卵季节，两栖海蛇经常成群结队到固定的海岛上去产卵，菲律宾的加托岛就是海蛇常去的海岛之一。多年来，人们一直在这些岛上进行商业性的捕蛇活动，目前在加托岛每年捕蛇18万条，琉球群岛也有类似的捕蛇活动。

和陆生蛇一样，海蛇也有较高的经济价值，它的皮可用来做乐器和手工艺品；蛇肉和蛇蛋可食，味

道很鲜美；某些内脏可入药。

中国沿海有记载的海蛇共8属、12种。本科动物腹鳞大多退化、不发达甚或消失；鼻孔多开于吻背，只需将鼻孔露出水面便可呼吸空气，在潜入水下时，鼻孔关闭瓣膜，防止海水进入。海蛇大多栖息于大陆沿岸半咸水的河口带。菲律宾的塔尔湖中有一种海蛇，终生生活在淡水里，因而被称为淡水海蛇。海蛇以鱼为主要食物，常摄食体型细长的鱼类。大多为卵胎生。海蛇亚科，许多种体形较长，头、颈和前半身甚细，产仔。

中国常见的有青环海蛇、环纹海蛇、平颏海蛇、小头海蛇、长吻海蛇、海蝰等种。扁尾蛇亚科是适应海水生活时间不太久的海蛇类，躯干前后粗细差别不大，仅尾部侧扁；其中扁尾蛇属的鼻孔仍开于吻侧，个别种类到岸边产卵。人被海蛇咬伤后，由于蛇毒破坏横纹肌纤维，会出现肌红蛋白尿，并导致呼吸麻痹。

喜玛拉雅白头蛇

（1）体貌特征及生活习性

喜马拉雅白头蛇有朱红色横斑 10 ~ 15+3 ~ 4 个，左右两侧的横斑数相等或略有出入，成对横斑交错排列或在背中线上相遇联合成横跨背面的完整横纹。头背具 9 枚大鳞；眶前鳞 3（2），眶后鳞 2（3）；颞鳞 2+3（2），上唇鳞 6，2–1–3 式，下唇鳞 8（7 ~ 9）。背鳞平滑，17–17–15 行，是蝰科中行数最低者；腹鳞 168 ~ 205 片；尾下鳞 39 ~ 53 对。栖息于海拔 100 ~ 1600 米的丘陵山区，见于路边、碎石地、稻田、草堆、耕作地旁草丛中，也见于住宅附近，甚至进入室内。晨昏活动。捕食小型啮齿动物和食虫目动物。繁殖习性不详。

（2）分布情况

喜马拉雅白头蛇是我国 27 种毒蛇中最毒的一种，在青藏高原一

东部棕蛇

喜马拉雅白头蛇

带曾经出现过，蝰科，白头蝰亚科，白头蝰属白头蝰蛇目蝰科白头蝰亚科唯一的一种。最早发现于缅甸克钦山。在我国主要分布于云南、贵州、四川、西藏、陕西、甘肃、广西、安徽、江西、浙江、福建。在国外主要分布于缅甸与越南北部。

喜马拉雅白头蛇一般长500毫米左右，最长达770毫米。躯干圆柱形，头部白色有浅褐色斑纹，躯尾背面紫蓝色，有朱红色横斑，头背具9枚大鳞。背鳞平滑。主要发现于路边、稻田、耕地、草堆；也出没于住宅附近。属晨昏活动类型。以小型啮齿动物或食虫目动物为食。人被咬伤时，除局部剧痛、肿胀、少量出血外，还出现头昏、眼花、视力模糊、眼睑下垂，吞咽困难等症状。

（3）毒性状况

喜马拉雅白头蛇是世界爬虫界公认最令人头疼的毒蛇之一，以绝食闻名，欧美曾多次进口，结果全军覆没。对于白头蝰的死因，现在爬虫学界也是众说纷纭，但一般认为白头蝰的低海拔高温反应导致内脏器官损伤而绝食，另一说法则是由于其食物的特殊性（在自然界主要食鼩鼱），而无法适应啮齿类动物。然而，在俄罗斯已经有研究者成功饲养并繁殖了白头蝰，相信这一死结在私人饲养者手里也已经被解开。

蝮 蛇

（1）体貌特征及生活习性

蝮蛇别名土公蛇、草上飞，体长60～70厘米，头略呈三角形。背面灰褐色到褐色，头背有一深色“∧”形斑，腹面灰白到灰褐色，杂有黑斑。

蝮蛇常栖于平原、丘陵、低山区或田野溪沟有乱石堆下或草丛中，弯曲成盘状或波状。捕食鼠、蛙、蜥蜴、鸟、昆虫等。蝮蛇的繁殖、取食、活动等都受温度的制约，低于10℃时蝮蛇几乎不捕食；5℃以下进入冬眠；20℃～25℃为捕食高峰；30℃以上的钻进蛇洞栖息，一般不捕食。夜间活动频繁，春暖之后陆续出势寻找食物。

蝮蛇是我国分布最广、数量最多的一种毒蛇，其种下分类问题，颇多争论。这场争论长达60多年之久，主要是缺乏足够的根据以说服对方。为此，我们对全国各地的560条螟蛇标本及Maki（193）所搜集的资料进行了比较分析。根据鳞片数目、头型、色斑以及分布区域的不同，确定我国蝮蛇可分为3个亚种，即中介亚种、短尾亚种及日

本亚种。

(2)分布情况

中介蝮蛇主要分布在秦岭以北地区，东起内蒙古，西到新疆，在动物地理区划上，属于古北界蒙新区及华北区的黄土高原亚区的西部。短尾蝮蛇主要分布在秦岭以南，南限约在北纬26°附近，属于东洋界华中区及西南区的一部分。但山西、河北、山东及东北三省是这两个亚种的同域分布区。Smith（1943）把蝮蛇分布的南限延伸到北部湾的一个小岛上，这是严重的错误，他所说的这个小岛叫做小龙山 Syoryuzan 岛，其实就是蛇岛，在辽东半岛南端的西面，并非雷州半岛的西面。

秦岭是黄河和长江水系的主要分水岭，从古生代到现在，一直起着我国南北两大部分的分界作用，所以在动物地理的分布上，都认为是古北界与东洋界的天然障壁，这不仅对鸟兽有效，对蛇类的分布更为有效。但秦岭东段从伏牛山往东，山势突然低落，与华北平原接壤，分布于秦岭以南的短尾亚种通过这个地区与古北界的中介亚种相遇，形成两个亚种的同域分布区。

明显而有趣的例子是：在陕西，洋县和周至两地相距甚近，但中间隔着秦岭主峰太白山及首阳山，在山南洋县采到的蝮蛇是短尾亚种，在山北周至采到的则是中介亚种，表明秦岭对这两个亚种是起着地理隔离的作用的。

日本亚种在我国只分布在台湾省，与日本群岛所产的相同。中介蝮数量特多的地方，已发现有两处，一处在黑龙江西部，靠近蒙古的卓山车站附近，站北共有 6 个山头，长约 3 千米，宽一两千米不等，是铁路局的采石场，其中 1 ~ 3 号山头因蝮蛇太多而停止开采。另一处是蛇岛，面积仅 1 平方千米左右。过去有人估计岛上有蝮蛇 50 万条，这显然是夸张了。1957 年在岛上考察之后，我们估计大约有 5 万条蝮蛇。最近辽宁蛇岛考察队在岛上作了数量分布调查，认为现存蝮蛇约有 2 万条，这和我们当时的估计比较接近，因为该岛在 1959 年以后曾遭火灾及滥捕，损失的蝮蛇是相当多的。

（3）栖息繁殖

蝮蛇多生活在平原、丘陵及山区，栖息在石堆、草丛、水沟、坟堆、灌木丛及田野中。短

尾蝮的洞穴多在向阳的斜坡上，洞口直径为1.5～4.5厘米，洞深可达1米左右，大多利用蛙、鼠等挖钻的旧洞。蛇岛的中介蝮多栖息在石缝、草丛及树枝上，静止不动，头部仰起向着天空。当小鸟停落在它附近时，即迅速向小鸟袭击。常见一棵小树上有几条蝮蛇。在一株高约2米的栾树上曾见有21条，一棵樱树上见有25条。小鸟稀少时，多潜伏于草丛及石缝中。例如：1957年9月15日，岛上小鸟极少，所捕获的413条蝮蛇中，草丛里捕到的占54.52%，岩石上捕到的占43.61%，树上捕到的只占1.87%。

仔蛇2～3年性成熟，可进行繁殖。蝮蛇的繁殖方式和大多数蛇类不同，为卵胎生殖。蝮蛇胚在雌蛇体内发育，生出的仔蛇就能独立生活。这种生殖方式胚胎能受母体保护，所以成活率高，对人工养殖有利，每年5～9月为繁殖期，每雌可产仔蛇2～8条。初生仔蛇体长14～19厘米，体重21～32克。新生仔蛇当年脱皮1～2次，进入冬眠。

用蝮蛇作原料生产的一些贵重药品能医治多种疑难病症。蝮蛇毒素是生产高效抗血栓药物的原料；蛇干有祛风、镇静、解毒业痛、强壮、下乳等功效。

因此，开展蝮蛇的人工养殖有较高的经济价值。蝮蛇纯干毒粉在国际市场是黄金价的20倍，在国内每克价超过1000元。

（4）毒性情况

粗制蛇毒成分复杂，作用亦很复杂。一般认为，蝮蛇毒是以血循毒为主的血循、神经混合毒。被咬伤的病人除局部出现肿胀、疼痛外；由于神经毒，常发生畏寒、目糊、眼睑下垂、颈项牵引感，当然更重要的是引起呼吸困难，如双吸气、屏气、点头状或鱼口样呼吸等。呼吸麻痹是早期死亡的主要原因。动物试验也证明蝮蛇毒具有明显的神经毒的作用。另一方面，蝮蛇毒具有显著的血循毒，单纯的人工呼吸并不能延长动物的生存时间。临床病人也常出现面色苍白、多汗、心率加速、四肢厥冷、血压下降等严重中毒性休克症状。虽然有人认为江苏蝮蛇毒主要也是神经毒（据他们观察呼吸麻痹是主要症状及致死原因），但一般仍认为血循毒是主要的。它能大量释放血管活性物质如组织胺、5-羟色胺及缓动素等，破坏红细胞，增加毛细血管通透性，使血浆及体液大量丧失，血容量不足。更加严重的是对心脏的直接损害，被咬伤的病人心电图有窦性心律不整、异位节律、P 波变尖、R 波低电压、传导阻滞、S-T 段下降、T 波扁平或倒置等变化，联系到实验动物中毒死亡后的尸解情况——心肌出血、心肌纤维浊肿断裂，可以认为蝮蛇毒对心脏的毒性是循环衰竭引起死亡的主要原因。由于休克、溶血及对各脏器的直接损害（如肾等），可发生酸中毒、急性肾功能衰竭等。严重咬伤病人常出现酱油色尿以及尿中蛋白、管型、隐血均呈阳性等。防治感染也是非常重要的问题。

黑曼巴蛇

（1）体貌特征及生活习性

黑曼巴蛇是非洲最大的毒蛇，栖息于开阔的灌木丛及草原等较干燥地带，以小型啮齿动物及鸟类为

食，体型修长，成蛇一般均超过2米，最长记录可达4.5米，头部长方型，体色为灰褐色，由背脊至腹部逐渐变浅。此蛇最独特的，便是它的口腔内部为黑色，当张大口时可以清楚地见到。其上颚前端在攻击时能向上翘起，使毒牙能刺穿接近平面的物体。黑曼巴蛇为前沟牙毒蛇，毒液为神经毒，毒性极强。

在非洲，黑曼巴是最富传奇色彩及最令人畏惧的蛇类。它不仅有着庞大有力的躯体，致命的毒液，更可怕的是它的攻击性及惊人的速度。民间传说它在短距离内跑得比马还快，更有传说说一条遭围捕的黑曼巴，几分钟内竟杀死了13个围捕它的人！虽然这只是传说，且先不论属实与否，但黑曼巴的确是

世界上速度最快及攻击性最强的蛇类。移动时一般抬起1/3身体，当受威胁时，黑曼巴能高高竖起身体的2/3，并且张开黑色的大口发动攻击，身长3米的黑曼巴蛇攻击时能咬到人的脸部。未用抗毒血清的被咬伤者死亡率接近100%！然而，黑曼巴咬人的事并不常见，而且在蛇发出警告时避开或站立不动，就不会有危险。毕竟，攻击人只是在其受到打扰并且忍无可忍的情况下才会发生的。一旦黑曼巴发起攻击，是逃不掉的。

（2）毒性状况

世界十大毒王中排名第10的黑曼巴蛇，是非洲毒蛇中体型最长、速度最快、攻击性最强的杀手。它能以高达19千米的时速追逐猎物，而且只需两滴毒液就可以致人死亡。黑曼巴蛇每次可以射出100毫克毒液，可以毒死10个成年人还绰绰有余。在30年前，只要是被黑曼巴蛇咬过的人绝对死亡，而如今，被黑曼巴蛇咬过的人如果得不到及时治疗的话，结果将和30年前一样悲惨。

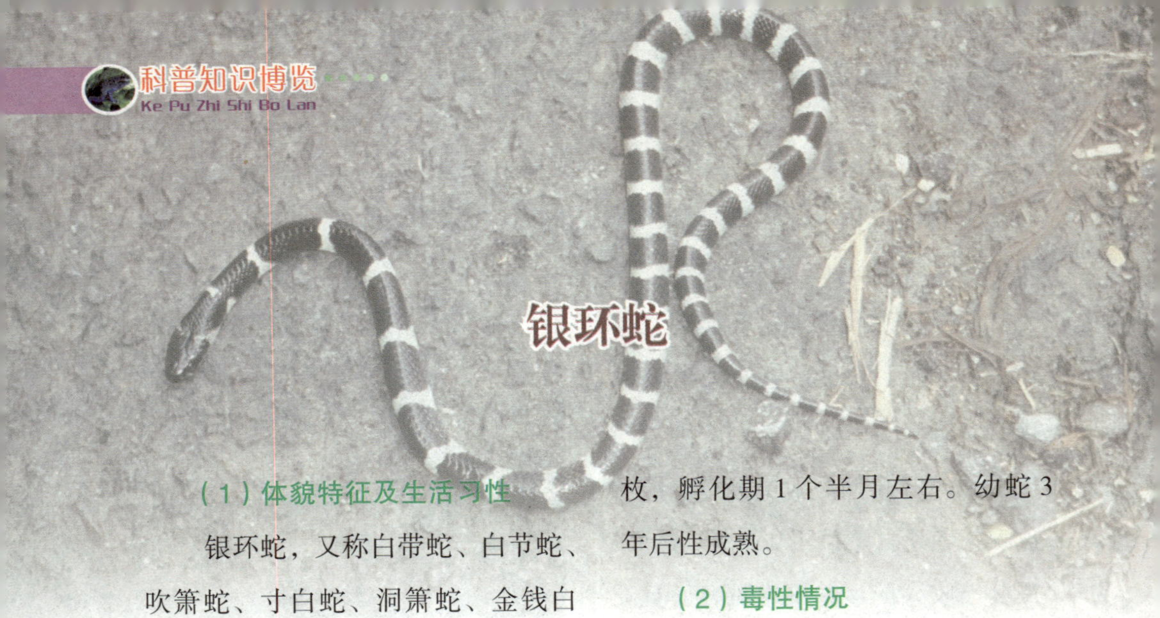

银环蛇

（1）体貌特征及生活习性

银环蛇，又称白带蛇、白节蛇、吹箫蛇、寸白蛇、洞箫蛇、金钱白花蛇、雨伞蛇、竹节蛇。

中国银环蛇有两个亚种：指名亚种，腹鳞 203 ~ 221 片，躯干部环纹 31 ~ 50 个，尾部 8 ~ 17 个，分布于中国华中、华南、西南地区和台湾，以及缅甸、老挝；银环蛇云南亚种，腹鳞 213 ~ 231 片，躯干部环纹 20 ~ 31 个，尾部 7 ~ 11 个，仅产于中国云南西南部。全长 1 米左右，通身背面具黑白相间的环纹。腹面全为白色。背鳞通身 1 行，正中 1 行鳞片（脊鳞）扩大呈六角形。尾下鳞全为单行。栖息于平原、丘陵或山麓近水处；傍晚或夜间活动，常发现于田边、路旁、坟地及菜园等处。捕食泥鳅、鳝鱼和蛙类，也吃各种鱼类、鼠类、蜥蜴和其他蛇类。卵生。5 ~ 8 月产卵，每次产 5 ~ 15 枚，孵化期 1 个半月左右。幼蛇 3 年后性成熟。

（2）毒性情况

银环蛇毒性很强，上颌骨前端有 1 对较长的沟牙（前沟牙）。人被咬伤后，常因呼吸麻痹而死亡。银环蛇成体供药用。孵出 7 ~ 10 天的幼蛇干制入药，称“金钱白花蛇”，有祛风湿、定惊搐的功效，可治风湿瘫痪、小儿惊风抽搐、破伤风、疥癣和梅毒等症。银环蛇胆可治小儿高烧引起的抽搐。

莽山烙铁头

（1）体貌特征及生活习性

莽山烙铁头又名小青龙，全长可达2米，是具管牙的毒蛇。通身黑褐色，其间杂以极小黄绿色或铁锈色点，构成细的网纹印象；背鳞的一部分为黄绿色，成团聚集，形成地衣状斑，与黑褐色等距相间，纵贯体尾；左右地衣状斑在背中线相接，形成完整横纹或前后略交错。腹面除前述黑褐色具网纹外，还杂有若干较大、略呈三角形的黄绿色斑。头背黑褐色，有典型的黄绿色斑纹。尾后半为一致的浅黄绿色或几近于白色。头大，三角形，与颈区分明显。有颊窝。头背都是小鳞片，较大的鼻间鳞一对彼此相切。中段背鳞25行，除两侧最外一行外，均具棱；腹鳞187～198片；肛鳞完整；尾下鳞60～67对，尾侧扁末端平切。我国特有物种。目前仅知分布于我国湖南省宜章县境内莽山自然保护区几千公顷的狭小范围内。发现于海拔700～1100米的山区林下。6月下旬至7月产卵20～27枚，卵白色，椭圆形，卵径34～38毫米×50～66毫米，重31～40克。产卵后亲蛇有护卵与孵卵习性。在25℃～30℃温度下，60天左右孵出仔蛇，初孵仔蛇全长

330～460毫米，重15～35克。

（2）栖息环境

莽山，处于中国南岭中段，山高谷深，森林苍郁，由于人迹罕至，这里保持了最原始的生命轮回。在森林的深处，丛林的地上积累着厚厚的枯叶，倒塌枯朽的树干保持着生命终结最后一刻的姿态，成为各种苔藓的乐园。阳光被茂密的树冠遮挡，只能一丝一缕地闪烁着，雾气被山川壑谷涡集，山林一年四季都笼罩在一片云雾之中。莽山气候温暖而潮湿，这种气候和环境最适合蛇类的生存。

现在的莽山是蛇的王国。蛇是地球上一个比人类古老的多的物种。据推测，在距今1.5亿年前的侏罗纪，大概就已经有蛇了。也就是说，在燕山造山运动中产生的莽山，从诞生起就成为蛇的栖息地。在这莽莽大山中，千百年来还隐藏着一种神秘的巨型毒蛇。

趣味怪事

莽山烙铁头的传说

在莽山，居住着一个古老而神秘的山地民族——瑶族。在从先祖流传下来的歌谣中描述，莽山瑶族是伏羲女娲的直系后代。伏羲女娲是人面蛇身的神仙，瑶族人继承了他们人性的一部分，而他们的蛇性被一种叫做“小青龙”的蛇继承，传说中这种蛇体形巨大，有一条白色的尾巴。瑶族人觉得他们和“小青龙”是一母所生的亲兄弟，是有灵性的，把它奉为图腾，瑶族世代居住在深山溪峒，虽然和他们的兄弟从未谋面，但是瑶族人深信，他们的兄弟和他们共同居住在这茫茫深山中。

竹叶青蛇

竹叶青蛇又名青竹蛇，焦尾巴。主要分布于中国长江以南各省(区)。在西部，向北可达北纬33°（甘肃文县）。吉林长白山也曾发现。

（1）体貌特征及生活习性

竹叶青蛇全身可达60～90厘米，通身绿色，腹面稍浅或呈草黄色，眼睛、尾背和尾尖焦红色。体侧常有一条由红白各半的或白色的背鳞缀成的纵线。头较大，呈三角形，眼与鼻孔之间有颊窝（热测位器），尾较短，具缠绕性，头背都是小鳞片，鼻鳞与第一上唇鳞被鳞沟完全分开；躯干中段背鳞19～21行；腹鳞150～178片；尾下鳞54～80对。

竹叶青蛇通常喜欢栖息与树木上，常发现于近水边的灌木丛、山间溪流边。其适宜温度为22℃～32℃。多夜间活动。发现于海拔150～2000米的山区溪边草丛中、灌木上、岩壁或石上、竹林中，

路边枯枝上或田埂草丛中。多于阴雨天活动，在傍晚和夜间最为活跃。以蛙、蝌蚪、蜥蜴、鸟和小型哺乳动物为食。卵胎生，8 ~ 9月间产仔蛇4 ~ 5条。

（2）毒性情况

竹叶青咬人时的排毒量小，其毒性以出血性改变为主，中毒者很少死亡。在福建、台湾、广东等省，是造成毒蛇咬伤的主要蛇种。竹叶青平均每次排出毒液量约30毫克。伤口牙痕2个，间距0.3 ~ 0.8厘米。伤口有少量渗血，疼痛剧烈，呈烧灼样，局部红肿，可溃破，发展迅速。全身症状有恶心、呕吐、头昏、腹胀痛。部分患者有粘膜出血、吐血、便血，严重的有中毒性休克。

美国毒蜥

(1)体貌特征及生活习性

美国毒蜥又叫做大毒蜥、钝尾毒蜥、希拉毒蜥、吉拉毒蜥。全长一般38～58厘米，体型很大及粗壮，行动缓慢，尾巴很短，是储存脂肪的器官。身体由细小及不重叠的鳞片覆盖，底部有皮内成骨。体色斑斓呈深色，有黄色、粉红色、浅红或黑色的斑纹，是北美地区最有名的蜥蜴。

美国毒蜥有毒，毒器位于下颌。牙齿非常锋利，每只都有四分之一英寸长。整个身躯就像一只大个头的壁虎，尾部短粗，舌头粉红色，并在中间开叉。身体黄褐色，杂有黑色斑点或斑纹。头部较大，前端为黑色，后部黄色，杂有一些黑色斑点。身体臃肿，体态笨拙，但在被捕捉后能调过头咬人，非常灵活。

美国毒蜥生活在人迹罕至的大沙漠及灌木林区及大片仙人掌覆盖的范围，捕食各种小型鸟兽及小蜥蜴，是一种有毒的蜥蜴，用口内毒液毒杀猎物后慢慢吞下。幼蜥蜴一出生就有

可怕的毒液，十分厉害。除了觅食以外，大毒蜥90%的时间都躲在地下洞穴中，它们攀爬的功夫一流，在野外常爬到树上捕食幼鸟或鸟蛋。

（2）分布范围

美国毒蜥是美国最大型的蜥蜴，因为美国河盆地而得名，主要分布在美国西部和南部各州，亚利桑那州、加州、内华达州、犹他州和新墨西哥州，以莫哈维沙漠及索若拉沙漠为中心，延伸进入墨西哥南部索诺拉州。

（3）毒性情况

美国毒蜥身形巨大，行动缓慢，被它咬中的疼痛更是惊人。美国毒蜥的毒性与西部菱斑响尾蛇的毒性相同，属于神经毒，被咬到就会出现四肢麻痹、昏睡、休克、呕吐等症状。但是通常不会有致命的危险，毒蜥的毒牙和毒腺都位在下颚，毒牙属于沟牙，毒液由牙沟渗入唾液中而进入伤口，所以不论是进入伤口的毒液量或是渗入的速度都比较少又比较慢，虽然对健康的成人致死率不高，但是仍然要十分小心，尤其是毒蜥的咬合力量不但很大，而且不会主动松口，且会持续啃咬，造成严重的伤口。被咬伤的疼痛剧烈的原因来自两方面：首先，大毒蜥的牙齿非常锋利，每只都有0.7厘米长，当它咬人时会猛力咬住不放松，第二，大毒蜥的毒液成分非常特殊，可阻断胶原蛋白和静脉隔膜，最终的后果会“引发炎症和极度疼痛”。痛到极处时，毒液中的化合物会使人出汗、腹泻、呕吐甚至血压降低。

墨西哥毒蜥

（1）体貌特征及生活习性

墨西哥毒蜥又叫做珠毒蜥，是蜥蜴亚目毒蜥科两种有毒蜥蜴之一。原产于美国西南部和墨西哥北部，以希拉河谷地得名。头部大，呈圆形，躯干粗短厚实，尾巴短胖，缀有明亮的黄色图案。体粗壮，可长到 50 ~ 70 厘米左右。体具黑色和浅红色斑纹或条纹，鳞片为串珠状。天气和暖时夜出觅食，以小型哺乳动物、鸟类和各种动物的卵为食。其尾部和腹部可储存脂肪，以备冬季耗用。毒蜥属的两个种，动作皆迟缓，但咬齧有力。多数牙上有两道沟槽，以便引出下腭的毒腺的分泌物，内含神经毒素，但很少能致人死亡。近缘的墨西哥串珠蜥体型稍大（长 80 厘米），色稍深。

墨西哥毒蜥的食量非常大，尤其是幼蜥一餐可以吃下自身体重 50% 的食物。基本上饲养可以比照蟒蛇，每周喂食一次，食物以老鼠和鸡蛋为主，它们偏好小型哺乳类和鸟类。过剩的养份会储存在它们的尾部，加上缓慢的新陈代谢，使得毒蜥可以三个月以上不吃不喝，也不会有不良的影响。成体可以两周喂一次，但每次都要喂到饱。所以要挑选健康的个体只要看尾巴就知道。

除了觅食以外，墨西哥毒蜥90%的时间都躲在地下洞穴中，它们攀爬的功夫一流，在野外常爬到树上捕食幼鸟或鸟蛋。拒食老鼠的毒蜥可以用沾过蛋黄的老鼠喂食，或是直接强迫喂食。只要将老鼠直接塞入毒蜥喉咙中即可。美国业者曾经强迫喂食一只雌性个体长达18年之久，而且还年年生蛋。因此强迫喂食似乎对毒蜥并没有带来任何不良的冲击。

（2）生长繁殖

美国业者繁殖墨西哥毒蜥至少已有30年以上的历史，繁殖难度颇高，最困难的就是辨别雌雄，两性在外观上并没有明显的差异，虽然有人认为雄性较粗壮，头部较宽，雌性较修长，通常呈酪梨型，但是

必须多只比较，而且准确度低，最好的办法是用超音波透视体内寻找卵巢或睾丸，也可以验 DNA。由于墨西哥毒蜥会冬眠，因此没有经历低温期的雌雄对多半无法繁殖。自冬眠中苏醒的雌雄对会立刻进入交配，过程约 30 分钟左右，雌性会将卵产于地下洞穴中，每窝可产 3 ~ 12 颗蛋，但通常生产 5 颗左右，孵化期一般是 10 个月，幼蜥出世后便需自力更生，如成长顺利，墨西哥毒蜥可以活到 30 年以上，也算是非常长寿的蜥蜴。

（3）分布情况

墨西哥毒蜥主要分布在亚利桑那州和墨西哥及附近地域。主要包括两个亚种：分布区北部的黑带墨西哥毒蜥和分布区南部的网纹墨西哥毒蜥。

（4）毒性情况

墨西哥毒蜥咬噬时射放毒液，不过可能仅在受触摸骚扰时才咬人。墨西哥毒蜥是世界仅存的两种濒临灭绝的毒蜥蜴的一种。它的下颌十分有力，那可怕的毒牙就长在下颌上。如果被它咬到，毒液会从伤口进入人体，由人体内的淋巴腺带到身体内的其他部分，一旦毒液到达心脏，其中的血毒素就会进入人体的血液。它们攻击的不是血液而是血管壁。这时血液就会通过血管壁像水一样喷射出来，发生大面

积出血。

毒蜥的毒性与菱背响尾蛇的毒性相同，属于神经毒，被咬到就会出现四肢麻痹、昏睡、休克、呕吐等症状，但是通常不会有致命的危险，因为它们并非以类似毒蛇用毒牙注射毒液的方式来瘫痪猎物，毒蜥的的毒牙和毒腺都位在下颚，毒牙属于沟牙，毒液由牙沟渗入唾液中，而进入伤口，所以不论是进入伤口的毒液量或是渗入的速度都比较少又比较慢，虽然对健康的成人致死率不高，但是仍然要十分小心，尤其是毒蜥的咬合力量不但很大而且不会主动松口，而会持续啃咬，造成严重的伤口，因此捉取毒蜥时最好要带皮手套比较安全，千万不要被它们迟缓的行动所骗，它们咬人的速度是快如闪电的。尤其是毒蜥自出生时就有毒腺，所以对其幼体也要小心，千万不要空手抓毒蜥。

趣味怪事

毒蜥的趣闻

毒蜥同龙、独角兽、巨人一样是大家耳熟能详的一种怪物，曾经出现在大量史料之中。“毒蜥”这个单词来自希腊语，意思是“小国王”。

古希腊人之所以用“国王”来命名毒蜥，原因大约有三：一、它们的头部有白色斑点，像皇冠一样；二、古埃及学者赫拉波罗在他的著作中曾经记载：“希腊人称之为‘Basilisk’的生物在埃及被称为‘Quraion’，埃及人用金子铸造这种生物的样子，并放在神的头顶”，显而易见，毒蜥在古埃及人的眼中是神圣和高贵的象征，在人面狮身像的额头上就雕有一条类似眼镜蛇的标记；三、毒蜥通常出没于沙漠之中，但这并不意味着它喜欢居住在沙漠里，而是因为它的目光和气息具有如此大的破坏力，以至于它所居住的地方难逃沙化的厄运，因此“毒蜥”成为“暴君”的代名词，希腊语“Basileus”的意思是“异邦的国王”，“Basiliskos”的意思是“小暴君”，这些词都含有贬义。因不恰当的行为而导致恶果的故事中也常出现毒蜥的形象，例如莎士比亚的《麦克白》和《荷马史诗》。

许多人认为毒蜥实际上是埃及眼镜蛇，它们的头部有白色斑点，巨毒

无比，可以喷射毒液致人死地，而且在攻击前会把头高高仰起，这些特征经过人们的传言被夸大了很多。

据说毒蜥的皮可以驱走蛇和蜘蛛，在阿波罗（太阳神）神庙和黛安娜（月神和狩猎女神）神庙的门口曾经挂有毒蜥的皮，用于驱走蛇、蜘蛛以及黑暗的生命。文艺复兴时期的炼金术中也曾记载说用毒蜥的灰摩擦银子可以点银为金。

希腊神话中曾经提到毒蜥来自蛇发女妖美杜莎的鲜血，美杜莎被珀尔修斯杀死后，鲜血落在人间成为毒蜥，因此毒蜥可以用目光杀人。杀死毒蜥的方法有三种：一、像珀尔修斯那样使用镜子；二、根据公元前3世纪时的记载，黄鼠狼是毒蜥的天敌，把毒蜥丢入黄鼠狼的洞里，黄鼠狼会用臭气将毒蜥熏死；三、根据克劳迪亚斯·艾伊连在《动物习性》（公元1世纪）中的记载，公鸡的叫声可以杀死毒蜥，这是人们第一次将公鸡与毒蜥联系在一起。此后关于毒蜥的传说开始渐渐发生了变化。

在罗马帝国毁灭之后，传说中的毒蜥已不再是一种巨毒的蛇，劳伦斯·布莱纳曾经解释过这一变迁：“罗马帝国崩溃后，欧洲与非洲之间无法再保持经常的联系，在随后的几个世纪里，这片大陆上的传说变得越来越离谱，中世纪时期的欧洲人开始把毒蜥想象成一种浑身长满羽毛的怪物。”此时的毒蜥开始“本土化”，由非洲特产变为一种随处可见的生物，据说英格兰曾经遍布毒蜥。

传说中毒蜥的产生很特别，最早的记载出现在《旧约圣经》的“以赛亚书”中：“他们敲碎蝰蛇的蛋，编织蜘蛛的网。吞下蛋的人在击碎风之卵后将在里面发现一条毒蜥。”此后的圣经著作中也有不少记载，但都不一致，甚至会出现相反的情况。现在广为人知的关于毒蜥诞生的传说出现在亚历山大·奈卡姆写于公元 12 世纪 80 年代的一本书中，不过并未收入“毒蜥”而是归在了“公鸡”这一节里，它是由蟾蜍孵化而成的，上半身为鸡，下半身为蛇，“它的蛋必须生在天狼星的日子里，受精于 7 岁的公鸡。这种蛋很容易辨认：它并非普通的卵形，而是球形，没有外壳，而是覆盖着一层厚厚的皮。而且这个蛋必须由蟾蜍孵化，这样就会孵化出这种巨毒无比的怪物——一条拥有蟾蜍和公鸡的特性的蛇。

第三章　两栖、哺乳类巨毒动物

两栖动物是最原始的陆生脊椎动物，既有适应陆地生活的新的性状，又有从鱼类祖先继承下来的适应水生生活的性状。出现在三亿六千万年前的泥盆纪后期，直接由鱼类演化而来。多数两栖动物需要在水中产卵，发育过程中有变态，幼体（蝌蚪）接近于鱼类。现代的两栖动物种类并不少，超过4000种，分布也比较广泛，但其多样性远不如其他的陆生脊椎动物。在众多的两栖动物中，有些是有毒性的。如蔗蟾蜍是世界上最大的毒蟾蜍，箭毒蛙是两栖类里的毒中之毒。

哺乳类动物是一种恒温脊椎动物，身体有毛发，大部分都是胎生，并藉由乳腺哺育后代。哺乳动物是动物发展史上最高级的阶段，也是与人类关系最密切的一个类群。在哺乳动物里，很少有有毒动物，但是鸭嘴兽是个特例。在它的后足长有毒刺，这些毒刺释放出来的毒素的毒性甚至比蛇的毒性还要强。

本章，我们就来为您介绍一些有毒的两栖类、哺乳类动物。

蔗蟾蜍

澳大利亚昆士兰州曾经引进过能在甘蔗地中捕食害虫的蔗蟾蜍。悉尼大学研究人员经长期研究发现，一些蔗蟾蜍已经在昆士兰进化成“同类中的强者”，它们肆无忌惮地冲击着澳大利亚本土物种。

这种致命的毒蟾蜍是全世界最大的癞蛤蟆，有的可长24厘米、重达13千克。

蔗蟾蜍体态丰满，模样丑陋，有毒性，而且不停地变异。目前，这一蟾蜍种类已将活动范围扩展到澳大利亚热带和亚热带100多万平方千米的地区。其危害主要有二：一是在同一生态位的动物竞争中处明显优势，挤压本地物种的生存空间；二是因其有巨毒，卵有巨毒，变成“蝌蚪”也有巨毒，蟾蜍更毒，对水生鱼类和陆生生物都有危害，导致一些本地捕食性动物（如蛇类）中毒死亡，有的已经濒于灭绝。

澳大利亚悉尼大学一个研究小组在蔗蟾蜍入侵的前线（达尔文市以东60千米处）找到

它们的位置，接着用时十个月捕捉，在给其中一些做上记号后，再将它们放回野外。随后，研究人员惊奇地发现，蔗蟾蜍在潮湿天气时每晚能跳跃1800米，这是所有种类青蛙和蟾蜍的记录。但更加惊人的发现还在后头：最先到达的蔗蟾蜍的后腿比后到达的蔗蟾蜍更长。此外，生活在建立时间已久的昆士兰州群落的蔗蟾蜍腿更短。

现在这已被看作是达尔文进化论的经典案例：动物越强壮，速度越快，越聪明，它们就越有能力开辟新领地，防止那些软弱、速度缓慢和笨拙的动物进入它们的领地。加上它们“同类相食”，好处是大蟾蜍食小蟾蜍，可以自动减少三四成蟾蜍。弊处是留下更强壮，适应力更强的蟾蜍。

悉尼大学的研究发现也相当明确地解释了一个有关蔗蟾蜍的谜团。从上世纪40年代到60年代，蔗蟾蜍每年的活动范围仅仅扩展10千米。而今天，它们正以每年50千米的速度扩展地盘。之所以出现这种状况，原因就是在其长腿的帮助下，不断变异的物种活动范围更大，行动更快。

这个由悉尼大学生物学学院教授理查德·辛尼领导的研究小组警告说，“蔗蟾蜍事件”应引起各国政府警惕，并引以为戒，在入侵物种进化成更加危险的对手之前就尽快消灭它们。

蟾　蜍

蟾蜍也叫蛤蟆、癞哈蟆、疥蛤蟆。苦蠪、蟾、虾蟆、蚵蚾、癞虾蟆、石蚌、癞格宝、癞巴子、癞蛤蟆、癞蛤蚆、蚧蛤蟆、蚧巴子，主要分布在马达加斯加、波利尼西亚和两极以外的世界各地区。

（1）体貌特征及生活习性

蟾蜍，两栖动物，体表有许多疙瘩，内有毒腺，俗称癞蛤蟆、癞刺。在我国分为中华大蟾蜍和黑眶蟾蜍两种。从它身上提取的蟾酥、以及蟾衣是我国紧缺的药材。

蟾蜍皮肤粗糙，背面长满了大大小小的疙瘩，这是皮脂腺。其中最大的一对是位于头侧鼓膜上方的耳后腺。这些腺体分泌的白色毒液，是制作蟾酥的原料。蟾蜍一般是指蟾蜍科的300多种蟾蜍，它们分属26个属。

青蛙的蝌蚪颜色较浅、尾较长；蟾蜍的蝌蚪颜色较深、尾较短。青蛙卵与蟾蜍卵有着一定的区别：青蛙的卵堆成块状，蟾蜍的卵排成串状。蟾蜍实际上是蛙类的一种，所以从科学的角度看，所有的蟾蜍都是蛙，但不是所有的蛙都是蟾蜍。

蟾蜍在全国各地均有分布。从春末至秋末，白天多潜伏在草丛和农作物间，或在住宅四周及旱地的石块下、土洞中，黄昏时常在路旁、草地上爬行觅食。多行动缓慢笨拙，不善游泳，多数时间作匍匐爬行，但在有危险的时候也会小步短距离小跳（也有例外，如蟾蜍类中的雨蛙科、树蛙科、丛蛙科比蛙类善跳而且灵活，滑趾蟾蜍类则可以像蛙类一样跳跃）。

白天，大蟾蜍多隐蔽在阴暗的地方，如石下、土洞内或草丛中。傍晚，它们会在池塘、沟沿、河岸、田边、菜园、路边或房屋周围等处活动，尤其雨后常集中于干燥地方捕食各种害虫。大蟾蜍冬季多潜伏在水底淤泥里或烂草里，也有在陆上泥土里越冬的。

（2）毒性情况

因服食蟾蜍而引起的中毒事件，文献中屡有报道。一般均于煮食后 30 ~ 60 分钟发生中毒症状，主要表现有恶心、呕吐、腹痛、腹泻、头昏、头痛，甚或神志昏迷、面色苍白、四肢厥冷、脉搏微弱、心律不整等，心电图的表现酷似洋地黄中毒。蟾蜍的卵及其腮腺、皮肤腺的分泌物，含有多种毒性物质，其他部分是否有毒，尚不明了。烧煮并不能破坏或消除其毒性。曾有 2 例小儿，合食煮熟的一只蟾蜍之后均发生严重中毒症状。其中 1 例 5 岁患儿经抢救脱险；另 1 例 1 岁半患儿抢救无效，于发病后 7 小时左右死亡。故一般认为蟾蜍不宜食用，如用作外敷药，其毒素也可能吸收入血而引起中毒，应加注意。

趣味怪事

癞蛤蟆想吃天鹅肉

很久以前，王母娘娘开蟠桃会，邀请了各路神仙。蟾蜍仙也在被邀之列。蟾蜍大仙在王母娘娘的后花园内恰遇鹅仙女，被其美貌而倾倒，大动凡心，但却遭到了鹅仙女的呵斥，并且告之王母娘娘处。王母娘娘大怒，随手将嫦娥月宫献来的月精盆失手砸向了蟾蜍大仙。并罚其下界为蟾蜍（癞蛤蟆），那月精盆化作一道金光浸入了癞蛤蟆的体内。可是，王母娘娘又后悔将月精盆砸出，失去了一件宝物，于是，又命令癞蛤蟆磨难结束之后完璧归赵，方可重返天界，重列仙班，并命令雷神监督。这就是癞蛤蟆想吃天鹅肉的来历。

不要小看癞蛤蟆

民间曾经流传过刘海戏金蟾的神话故事。相传憨厚的刘海在仙人的指点下，得到一枚金光夺目的金钱。后来刘海用这枚金钱戏出了井里的金蟾，得到了幸福。这说明蟾是幸福的象征,人们渴望得到它。不论是神话中的蟾，还是现实生活中的蟾，都确确实实与人类有密切的关系，为人类做了很多好事。

蟾蜍，又叫癞蛤蟆、大疥毒。这种动物一直以来被人们所看不起，不少人认为蟾蜍是低能儿。它容颜丑陋，不时地在田埂道边钻来爬去。尽管人们不理解它，但它还是默默无闻地工作着。蟾蜍是农作物害虫的天敌，据科学家们观察研究,在消灭农作物害虫方面，它要胜过漂亮的青蛙，它一夜吃掉的害虫，要比青蛙多好几倍。癞蛤蟆平时栖息在小河池塘的岸边草丛内或石块间，白天藏匿在洞穴中不活动，清晨或夜间爬出来捕食。它捕食的对象是蜗牛、蛞蝓、蚂蚁、蝗虫和蟋蟀等。癞蛤蟆喜欢在早晨和黄昏或暴雨过后，出现在道旁或草地上。如被人们用脚碰一下，它会立即装死躺着一动不动。它的皮肤较厚具有防止体内水分过度蒸发和散失的作用，所以能长久居住在陆地上面不到水里去。每当冬季到来,它便潜入烂泥内,用发达的后肢掘土，在洞穴内冬眠。癞蛤蟆行动笨拙蹒跚，不善游泳。由于后肢较短，只能做小距离的、一般不超过 20 厘米的跳动。癞蛤蟆在入药方面也比青蛙高出一等。我国第一部药学专著《神农本草经》就记有癞蛤蟆的性味、归经和主

治等方面内容。多少年来，人们采集癞哈蟆耳下腺及皮肤腺分泌物，晾干制成蟾酥。蟾酥是我国传统的名贵药材之一，是六神丸、梅花点舌丹、一粒珠等 31 种中成药的主要原料。我国生产的蟾酥在国际布场上声望极高，每年出口 5000 多斤，可换得外汇 500 万美元。

常见的蟾蜍，只不过拳头大小。可是在南美热带地区，却生活着世界上最大的癞蛤蟆，最大个体长约 25 厘米，为蟾中之王。蟾王不仅体型大，胃口也特别好，它常活动在成片的甘蔗田里，捕食各种害虫。固此，世界上许多产糖地区都把它请去与甘蔗的敌害作战，并取得了良好成绩。蟾王的足迹遍及西印度群岛、夏威夷群岛、菲律宾群岛、新几内亚、澳大利亚以及其他热带地区。每年为人类保护着相当十亿美元的财富。一只雌蟾王每年产卵 38000 枚左右，是两栖动物中产卵最多的一种。但有趣的是，它的蝌蚪却很小，仅 1 厘米长。蟾王不仅能巧妙地捕食各种害虫，也能很好地保护自己。它满身的疙瘩能分泌出一种有毒的液体，凡吃它的动物，一口咬上，马上产生火辣辣的感觉，不得不将它吐出来。民间传说月中有蟾蜍，故把月宫唤作蟾宫。诗人写道："鲛室影寒珠有泪，蟾宫风散桂飘香"。月亮上是否有蟾蜍，在科学技术发达的今天，人能登月，这个谜自然被揭开了。

箭毒蛙

（1）体貌特征及生活习性

箭毒蛙又叫毒标枪蛙或毒箭蛙，体型小，通常长仅1～5厘米，但非常显眼，颜色为黑与艷红、黄、橙、粉红、绿、蓝的结合。栖居地面或靠近地面，全部属于毒蛙科，但并非所有170种都有毒。

箭毒蛙是一种个体很小的蛙类，它的整个体躯也不超过5厘米，也就是说只有两个手指那么大，可是它背上藏着的毒液，足可以使任何动物活活毙命。箭毒蛙的皮肤内有许多腺体，它分泌出的巨毒粘液，既可润滑皮肤，又能保护自己。箭毒蛙的毒性非常强，冠于一切蛙毒之上。取其毒液一克的十万分之一即可毒死一个人；五百万分之一克，可以毒死一只老鼠。任何动物只要去吃它，只要舌头粘上一点毒液，就会中毒，以致死亡。

箭毒蛙家族中的兰宝石箭毒蛙具有非常高的毒性，它们绚丽的体色能使潜在的掠食者远远避开。它们足部没有蹼边不能在水中游动，因此不会出现在水生环境中。

草莓箭毒蛙的毒素比其他箭毒蛙物种要小一些，但是草莓箭毒蛙的毒素会使伤口肿胀并有燃烧炙热的感觉。

黄金箭毒蛙则是箭毒蛙家族中毒性较强的一种，一只黄金箭毒蛙的毒素足以杀死10个成年人。

（2）分布情况

箭毒蛙是全球最美丽的青蛙，

同时也是毒性最强的物种之一。其中毒性最强的物种体内的毒素可以杀死 2 万多只老鼠，它们的体型很小，最小的仅 1.5 厘米，个别种类也可达到 6 厘米。箭毒蛙主要分布于巴西、圭亚那、智利等热带雨林中，通身鲜明多彩，四肢布满鳞纹。其中以柠檬黄最为耀眼和突出。举目四望，它似乎在炫耀自己的美丽，又像警告来犯的敌人。除了人类外，箭毒蛙几乎再没有别的敌人。

（3）毒性情况

人们作了一系列复杂的研究之后才知道，箭毒蛙身上的蛙毒物质能够破坏神经系统的正常活动，其主要作用形式是：阻碍动物体内的离子交换，使神经细胞膜成为神经脉冲的不良导体，这样神经中枢发出的指令，就不能正常到达组织器官，最终导致心脏停止跳动。不过，箭毒蛙的毒液只能通过人的血液起作用，如果不把手指划破，毒液至多只能引起手指皮疹，而不会致人死命。聪明的印第安人懂得这个道理，他们在捕捉箭毒蛙时，总是用树叶把手包卷起来以避免中毒。

印第安人很早以前，就利用箭毒蛙的毒汁去涂抹它们的箭头和标枪。他们用锋利的针把蛙刺死，然后放在火上烘，当蛙被烘热时，毒汁就从腺体中渗析出来。这时他们就拿箭在蛙体上来回摩擦，毒箭就制成。用一只箭毒蛙的毒汁，可以涂抹五十支镖、箭，用这样的毒箭去射野兽，可以使猎物立即死亡。

哥伦布发现新大陆后，“文明人”闯入箭毒蛙的世界并将它们作为宠物带到城市里。悲惨的是箭毒蛙极其脆弱，对食物及生活环境的温、湿度亦要求严格，因此，它们一旦被带出雨林，就意味着末日的来临。箭毒蛙越来越受到人类的威胁！人们可以养蛙，却不能完全再现毒蛙千百年来所生存的环境。地球生态环境是一个整体，每一个物种的存在都有它的道理。但愿这种美丽但又令人惧怕的小东西能够自由生存下去。

鸭嘴兽

（1）体貌特征

鸭嘴兽又叫鸭獭，是澳大利亚的单孔类哺乳动物。最奇特的要数鸭嘴兽。所谓单孔类动物，是指处于爬虫类动物与哺乳类动物中间的一种动物。它虽比爬虫类动物进步，但尚未进化到哺乳类动物。两者之间的相同之处在于都用肺呼吸，身上长毛，且是热血；而单孔类动物又以产卵方式繁殖，因此保留了爬虫类动物的重要特性。它虽被列入哺乳类，但又没有哺乳类动物的完整特征。因此，它只能算是最原始最低级的哺乳类，在动物分类学上叫做“原兽类”或称为单孔类卵生哺乳动物。

鸭嘴兽是最古老而又十分原始的哺乳动物，早在2500万年前就出现了。它本身的构造，提供了哺乳动物由爬行类进化而来的许多证据。

凡见过鸭嘴兽的人都说它长得极为怪异。当初英国移民进入澳大

利亚发现鸭嘴兽时，惊呼其为“不可思议的动物”。鸭嘴兽长约40厘米，全身裹着柔软褐色的浓密短毛，脑颅与针鼹相比，较小，大脑呈半球状，光滑无回。四肢很短，五趾具钩爪，趾间有薄膜似的蹼，酷似鸭足，在行走或挖掘时，蹼反方向褶于掌部。吻部扁平，形似鸭嘴，嘴内有宽的角质牙龈，但没有牙齿，尾大而扁平，占体长的1/4，在水里游泳时起着舵的作用。它的体温很低，而且能够迅速波动。

鸭嘴兽为水陆两栖动物，平时喜穴居水畔，在水中时眼、耳、鼻均紧闭，仅凭知觉用扁软的“鸭嘴”觅食贝类。其食量很大，每天所消耗食物与自身体重相等。

母体虽然也分泌乳汁哺育幼仔成长，但却不是胎生而是卵生。即由母体产卵，像鸟类一样靠母体的温度孵化。鸭嘴兽的母体没有乳房和乳头，在腹部两侧分泌乳汁，幼仔就伏在母兽腹部上舔食。

鸭嘴兽的幼体有齿，但成体牙

床无齿，而由能不断生长的角质板所代替，板的前方咬合面形成许多隆起的横脊，用以压碎贝类、螺类等软体动物的贝壳，或剁碎其它食物，后方角质板呈平面状，与板相对的扁平小舌有辅助的“咀嚼”作用。

澳大利亚的鸭嘴兽是澳大利亚特有的非常特殊乳汁单孔目动物。它的嘴和脚像鸭子，尾部像海狸，是世界上仅有的两种生蛋的哺乳动物之一（另一种是针鼹），鸭嘴兽没有奶头，但在肚子上有一小袋，内分泌乳汁，小鸭嘴兽靠添乳汁长大。

成年鸭嘴兽长度有 40 ~ 50 厘米，重量雌性在 700 ~ 1600 克之间，雄性在 1000 ~ 2400 克之间。

（2）生活习性

鸭嘴兽生长在河、溪的岸边，大多时间都在水里，它的皮毛有油脂能保持它的身体即使在较冷的水中仍能保持温暖。在水中游泳时它是闭着眼的，靠电信号及其触觉敏感的鸭嘴寻找在河床底的食物。主要以软体虫及小鱼虾为食。

鸭嘴兽一般在岸边所挖的长隧道内繁殖下代。它一次最多可生 3

个蛋。6个月后的小鸭嘴兽就得学会独立生活，自己到河床底去觅食。

鸭嘴兽在水中追逐交尾，卵似乌龟蛋状。小鸭嘴兽孵化出世后，靠母乳喂养4个月方能自己外出觅食。鸭嘴兽是夜行性生物，它们惯于白天睡觉、夜晚活动。

鸭嘴兽能潜泳，常把窝建造在沼泽或河流的岸边，洞口开在水下，包括山涧、死水或污浊的河流、湖泊和池塘。它在岸上挖洞作为隐蔽所，洞穴与毗连的水域相通。它是水底觅食者，取食时潜入水底，每次大约有一分钟潜水期，用嘴探索泥里的贝类、蠕虫及甲壳类小动物以及昆虫幼虫和其他多种动物性食物和一些植物。鸭嘴兽是现存最原始的哺乳动物，是形成高等哺乳动物的进化环节，在动物进化上有很大的科学研究价值。

鸭嘴兽冬季不活动或冬眠。雌兽挖相当于16米长的洞穴，将卵产于用湿水草筑成的巢内最多可产3个卵。卵比麻雀卵还小，彼此粘在一起。孵卵期洞口堵塞，孵出的幼兽发育很不完全，鸭嘴兽既无育儿袋也无乳头，成束的乳腺直接开口于腹部乳腺区。幼兽用能伸缩的舌头服食乳区的乳汁。

（3）分布情况

鸭嘴兽是现生哺乳类中最原始而奇特的动物。仅分布于澳大利亚东部约克角至南澳大利亚之间，在塔斯马尼亚岛也有栖息。

（4）毒性情况

雄性鸭嘴兽后足有刺，内存毒汁，喷出可伤人，几乎与蛇毒相近，人若受毒距刺伤，即引起剧痛，以至数月才能恢复。这是它的“护身符”，雌性鸭嘴兽出生时也有毒距，但在长到30厘米时就消失了。

（5）学术意义

鸭嘴兽在学术上有重要意义，历经亿万年，既未灭绝，也无多少进化，始终在“过渡阶段”徘徊，真是奇特又奥妙，充满了神秘感。这种全世界唯有澳大利亚独产的动物，却因追求标本和珍贵毛皮，多年滥捕而使种群严重衰落，曾一度面临绝灭的危险。由于其特殊性和稀少，已被列为国际保护动物。澳大利亚政府为此也已制定相应保护法规。

趣味怪事

解读鸭嘴兽

在澳大利亚南部的塔斯马尼亚岛上，有一种非常奇特的动物，叫鸭嘴兽。它既是哺乳类，又会下蛋；既像鸟类，又像爬行类。

据说，当1880年一个鸭嘴兽标本从当时的英国殖民地澳大利亚送到伦敦时，曾使英国有名的生物学家们大发雷霆。他们断言，这个标本是几种不同的动物拼凑起来的，并扬言要追查是什么人敢如此恶作剧，这拍案者之一，就是恩格斯。

按照传统的概念，哺乳动物必须胎生，而不会下蛋。革命导师恩格斯也一度拘泥于这种认识，后来在实践的检验面前才改变认识，并把它作为教训，提示别人，引以为鉴，给人们树立了一个重视科学、实事求是的榜样。恩格斯在1895年给康·施米特的信中说："我在曼彻斯特看见过鸭嘴兽的蛋，并且傲慢无知地嘲笑过哺乳动物会下蛋这种愚蠢之见，而现在这却被证实了！因此，但愿您不要重蹈覆辙！"

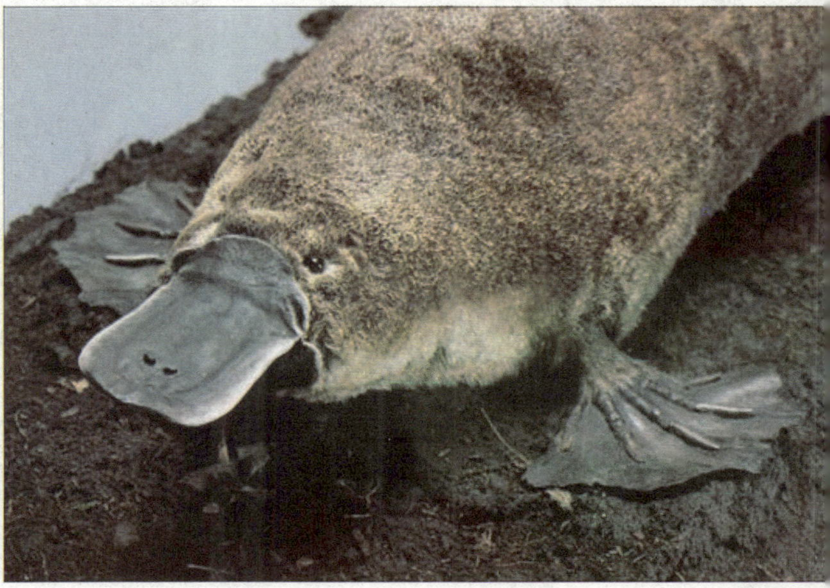

鸭嘴兽有一个平而扁的阔嘴巴，短而钝的粗尾巴，还有一

对蹼。乍看起来，同家鸭差不多。而它那身漂亮而柔软的灰色绒毛，又可与我国的特产水獭媲美。

鸭嘴兽实在是很怪的。说它是兽类吧，它却是靠下蛋繁殖后代；说它是爬行动物吧，可它孵出的后代都是靠哺乳喂养的。真是“不伦不类”。我们知道，一般从蛋中孵出的小动物是不吃奶的，如鸡、鸭、鸟、蛇；而一般吃奶的动物是胎生的，不下蛋的，像猫、狗、猪、羊。由于鸭嘴兽既下蛋，又吃奶，生物学家们伤透脑筋，不知道该把它列入哪一类动物。经过多年的争论不休，最后，只好以毛和奶作为决定分类的依据，将鸭嘴兽列入哺乳类，称它为“卵生哺乳动物”。因为世界上只有哺乳动物有圆的毛（鸟类的羽毛是扁的）和分泌真正的乳汁，而这两个特点鸭嘴兽都具备。

雄鸭嘴兽有50多厘米长，雌的略小。它们的腿短而强壮，各有五个趾，趾端为钩爪，趾间的蹼便于游泳。它的长着粗毛的尾巴，游泳时当“舵”。

它的眼睛很小，没有耳壳，锁骨和乌喙骨很发达，这些方面又像鸟类。

鸭嘴兽习惯于白天睡觉，晚上出来觅食。青蛙、蚯蚓、昆虫等都是它的食物。它的消化机能特强，一只鸭嘴兽体重不到一千克，但一天能吃下与自己体重相当的食物。

鸭嘴兽总是在河边打洞，洞有两个出口，一个通往水中，一个通往陆上的草丛。它们用爪挖洞的本领很高，即使在坚硬的河岸，十几分钟也能挖一米深的洞。有的洞长达几十米，里面有宽敞的“卧室”，准备产卵用。卧室里铺着树叶、芦苇等干草，俨然是个舒适的“床铺”！

母鸭嘴兽一次生两个蛋，白色半透明，壳上带有一层胶质。母鸭嘴兽将蛋放在尾部及腹部之间，然后蜷缩着身体包围着蛋。两星期后，小兽脱壳而出，但眼睛看不见，身上没有毛，不能觅食，全靠妈妈喂奶。

若与爬行动物相比，鸭嘴兽显然是比较高等的动物，因为它虽属卵生，却是哺乳的。但在哺乳动物中，它却是最低等的。它生蛋和排泄粪尿都用同一个器官，所以又称单孔类。澳大利亚是当前世界上唯一的单孔类动物的故乡，除了鸭嘴兽外，还有一种叫针鼹。

天下之大，无奇不有。生物界有待人们去探讨的奥秘，还有很多！

第四章　鱼类巨毒动物

鱼类是海洋里的精灵，是海洋中的主角。但是，这些海洋精灵中，也有不少是具有毒性的，而且有的还有巨毒。

副刺尾鱼，犹如一条美丽的海中蓝绸带一般，游弋在珊瑚从中，却是一种美里藏刀的杀手；狮子鱼，犹如一只会游泳的蝴蝶，在海水中花枝招展，但却也是一条会杀人的鱼；火焰乌贼，是乌贼家族中唯一一种带有毒性的一员；玫瑰毒鲉，其貌不凡，但是它的本领更加不凡——背鳍棘基部的毒腺有神经毒，足以置人于死地；狗鱼，性情凶猛残忍，也具有很强的致命性……

这一章，我们就来带领大家了解一下这些有毒的鱼类动物。

副刺尾鱼

（1）体貌特征及生活习性

副刺尾鱼俗称蓝倒吊，鱼体呈椭圆形而侧扁。口小，端位，上下颌齿较大，齿固定不可动。背鳍及臀鳍硬棘尖锐；腹鳍仅3软条；尾鳍近截形。尾棘在尾柄前部，其后端固定于皮下。体蓝色，体上半部从胸鳍中央至尾柄全为黑色，但胸鳍后方具有一长椭圆形蓝斑；眼后另具有一黑带沿背鳍基部纵走而与体之黑斑相连；背、臀及腹鳍蓝色而具黑缘；胸鳍前部蓝色，后部黄色；尾鳍为三角型，色鲜黄，上下叶缘黑色，是具鲜蓝色彩的大型鱼。

副刺尾鱼有背鳍硬棘9枚、背鳍软条19～20枚、臀鳍硬棘3枚、臀鳍软条18～19枚。体长可达25厘米。

副刺尾鱼栖息于面临大海且有潮流经过的礁区平台，栖息深度在2～40米左右。成鱼通常会聚集于离海底1～2米高的水层，稚鱼或幼鱼则聚集在珊瑚的枝芽附近。主要以浮游动物和藻类为食。

副刺尾鱼生活在水质清澈，水流较缓的礁岩坡上，活动性较强，喜欢在珊瑚丛中穿梭回旋。当受到大型鱼类的侵袭时，珊瑚就成了它们的避难所，使它们免受大鱼的袭击。当然其中也必然会有个别小鱼因无处藏身而被捕获，成为大型鱼的美味佳肴。

副刺尾鱼的幼鱼生活在潮流湍急的浅海珊瑚礁区，吃藻类、浮游生物、小鱼虾等。水族箱饲养要带有一定数量的藏身地点及足够的游泳空间。副刺尾鱼相对其他吊类更易养，有时对同类有攻击行为。如果想多条放养，应该同时放入足够大的缸。副刺尾鱼容易患白点等皮肤寄生虫病。幼鱼驯饵容易，成鱼较困难。可喂食动物性饵料，但要提供足够的海草及海藻等植物性饵料，可在石头上绑上干海草来喂食，也可人工的植物性饵料。

（2）分布情况

副刺尾鱼分布于印度太平洋海域，包括东非、红海、毛里求斯、塞舌尔、马尔代夫、留尼汪、马达加斯加、圣诞岛、罗德豪岛、斯里兰卡、安达曼群岛、日本、台湾、中国沿海、菲律宾、印尼、新几内亚、新喀里多尼亚、澳大利亚、新几内亚、马里亚纳群岛、马绍尔群岛、密克罗尼西亚、帕劳、所罗门群岛、斐济群岛、瓦努阿图、瑙鲁等海域。在我国，副刺尾鱼主要分布在海南。

（3）毒性情况

副刺尾鱼有毒，可供观赏。

狮子鱼

（1）体貌特征及生活习性

狮子鱼又叫做火鸡鱼、火焰鱼、蓑鲉，为鲉形目圆鳍鱼科，是约115种海生鱼类的统称。体型小，最大约30厘米长。体形成长条形，柔软，蝌蚪状；皮肤松弛，无鳞，而有时具小刺。背鳍长，腹鳍于头下，形成吸盘，用以吸附海底。分布于北大西洋、北太平洋及南北极冷水区。有些种，如北大西洋的狮子鱼，生活于沿岸，另外一些，头肛狮子鱼属的粉红色种类栖居于深海。

狮子鱼约有13属150多种，中国有1属4种。体长可达450毫米。体延长，前部亚圆筒形，后部渐侧扁狭小。头宽大平扁。吻宽钝。眼小，上侧位。口端位，上颌稍突出。鳃孔中大。体无鳞，皮松软，光滑或具颗粒状小棘。背鳍延长，连续或具一缺刻，鳍棘细弱，与鳍条相似；臀鳍延长；尾鳍平截或圆形，常与背鳍和臀鳍相连；胸鳍基宽大，向前伸达喉部；腹鳍胸位，愈合为一吸盘。主要分布于北太平洋、北大西洋及北极海，少数见于南极海。

中国数量较多的为细纹狮子鱼。

狮子鱼主食甲壳动物，也吃小鱼。可以喂食动物性饵料以及人工饲料，适合于水温26℃，海水比重1.022，水量300升以上的水族箱，最大体长可达31厘米。

（2）美丽掩盖下的杀机

狮子鱼是近年来很流行的海洋观赏鱼类，它的胸鳍和背鳍长着长长的鳍条和刺棘，形状酷似古人穿的蓑衣，故又被人称为蓑鲉。这些鳍条和刺棘看起来就像是京剧演员背后插着的护旗，一幅威风凛凛的样子，在阳光下看起来非常亮丽而多彩。它们时常拖着宽大的胸鳍和长长的背鳍在海中悠闲的游弋，悠游自在，完全不惧怕水中的威胁。就像一只自由飞舞在珊瑚丛中的花蝴蝶。

狮子鱼因为外貌酷似火鸡也被叫做“火鸡鱼”，所以当有人提到火鸡鱼时，不要疑惑，他就是在说狮子鱼。狮子鱼胸鳍的鳍条一般是愈合不分离的，而也有一些种类的狮

子鱼鳍条却一根根地分开，如烟火一样绽放，这种狮子鱼又被称为“火焰鱼”。狮子鱼与它的同类石狗公一样都具有巨毒的刺棘，但是与石狗公采用拟态伪装的生活方式完全不同，狮子鱼体色鲜艳，花枝招展，在海中时刻展示着它一身艳丽的舞裙，毫无顾忌。

狮子鱼在海中可以如此悠然自得、目中无人，主要是因为它们背鳍、胸鳍和臀鳍上长长的鳍条，这些鳍条的基部都有毒腺，鳍条尖端还有毒针。一般情况下，这些鳍条都处于完全展开的状态，就像一个刺猬，让那些想对狮子鱼下手的掠食者们都无所适从。

当然，如此防御严密的狮子鱼也不是全然没有弱点，它的腹部就没有刺棘保护，而狮子鱼也深知这一点。所以当遇到危险或是在休息时，狮子鱼会用腹部的吸盘将自己贴在岩壁上寻求自保。

（3）毒性情况

所有鲉科鱼类背鳍和胸鳍的鳍条上都有毒刺，它们的主要作用就是用来抵御来自同类或捕食者的威胁。可别小看这些毒刺，作为一只狮子鱼，这可是最引以为豪的致命武器。因为狮子鱼是一种浅水鱼类，多栖息于浅水区域，所以在浮潜时会经常见到它，它艳丽的外表很快就能吸引人的眼球，但是不要被这种色彩所迷惑，更不要轻易地触碰。在海洋中狮子鱼可是有名的“毒王”，它们的毒素会引起剧烈的疼痛、肿胀，有时候还会发生抽搐，最严重的情况也可能引起死亡（这种情况极其罕见，一般只可能发生在对毒素过敏的人身上）。

狮子鱼的蜇刺过程简单而有效。当你试图接近它时，它会向后退，这不是畏惧的表现，而是为进攻所做的准备，它的进攻一般在眨眼间就会发生，当毒刺蛰进人体组织时，位于毒刺根部的毒囊早已做好了准备，狮子鱼只要简单的一挤就能释放毒液，毒液通过毒刺造成的伤口注入人体组织内部。这也告诉我们，如果蜇刺越重越深，毒液造成的伤害就越大。

（4）中毒后的处理方法

不知是幸或不幸，在浮潜时遇见狮子鱼并被它“吻”到的概率还是存在的。

无论在水下遇到的狮子鱼究竟“姿色”如何，在感到幸运的同时也要提高警惕。也许人们并没有刻意打扰它的生活，但却误入了它们的领地，它们可能因被“冒犯”而向人类发起进攻。它们的毒刺可以很容易地穿透较薄的手套，所以戴一般的手套并不能有效地防止被蜇。所以在浮潜时，如果是在那些经常会遇到水下有毒生物的水域，建议最好穿上潜水服并戴上厚一点的手套，将

造成伤害的可能性降到最低。

如果经不起诱惑，忍不住接近并逾越了狮子鱼的“安全尺度”，并被它刺伤的话，需要马上寻求专业医疗人员的帮助，这非常重要，如果没有对伤口进行正确的处理，疼痛将会加剧，而且可能会引起一系列长期的问题。

当然在寻求医疗救助之前，自己也可以做一些前期处理工作。首先检查一下有没有断刺留在伤口中，如果有，就要拿出来，一般来说断刺是比较容易取出的。但是要小心，取断刺的时候也许会很疼。很可能受伤的是右手，而自己又不习惯用左手来完成这样一个精细的工作，这时可以找别人来帮忙，用镊子会更方便一点。如果断刺靠近血管或神经，建议不要自己动手，还是找专业的医疗人员比较好。

处理断刺之后，就要进行热水治疗，所有鲉科鱼类的毒液都是由对热很敏感的蛋白质构成的，所以当毒素暴露于热的地方会很快分解，因此可以将受伤的部分浸入热水中，温度不要太热，大约在43℃～46℃左右。温度太高会使问题变得更加严重。

当然最重要的还是尽快去医院，向医生说明发生的事情。不要期望每个医生都碰巧是狮子鱼专家，所以可能的话尽量解释清楚。医生一般都会先对伤口进行一个30～90分钟的热敷处理，和之前进行的预处理一样，这样能最大程度的减少患者的痛苦。之后医生可能会给患者一些内服外敷的药。

在医生对伤口进行处理之后，要时刻关注伤口的变化，防止细菌感染及毒素扩散。

火焰乌贼

（1）体貌特征与生活习性

火焰乌贼也可称为火焰墨鱼、火焰鱿鱼，有椭圆形的外套膜，腕臂较为粗短、扁平，呈刀锋形，分布着四排吸盘；第一对腕足比其它的腕足要来得稍短一点。在左腹侧一只较粗大的腕足则是生殖用的交接腕，腕上有用来传递贮精囊的深沟。在外套膜的背侧与腹侧表面，以及头部、眼睛上方有许多突起的鳍状物，这些鳍可以帮助火焰乌贼在海底前进。火焰乌贼也是目前所知唯一一种会在海床以腕足和鳍行走的乌贼动物；因为乌贼骨较小，火焰乌贼无法在水中长途游泳。

目前已知最大型的火焰乌贼标本，外套膜长度有 8 厘米，然而大多数的体型都在 6 厘米以下。火焰乌贼的乌贼骨只占外套膜长度的 2/3

左右，外观呈长斜方形，带微黄色泽，两端削尖，中段微微鼓起。和大多数的乌贼不一样，火焰乌贼的外套膜并没有乌贼骨突出所形成的锥。

（2）分布情况

火焰乌贼的自然栖地，包括西澳大利亚州的曼都拉、昆士兰州以北，到新几内亚南部的阿拉弗拉海海域，以及印度尼西亚的苏拉威西岛、摩鹿加群岛海域和马来西亚的马宝岛、诗巴丹岛海域。

（3）毒性情况

在目前所纪录的乌贼品种之中，火焰乌贼是唯一一种带有毒性的乌贼；它的肌肉组织带有毒性，而亮丽鲜艳的体色正是一种警告色。火焰乌贼若受到威胁，便显现出亮丽的警告姿态。火焰乌贼栖息在海水底部的泥沙区域，分布深度从3～86米；为日行性，以表面的色素细胞进行复杂的伪装，捕食鱼类和甲壳类生物。火焰乌贼原本的体色是深褐色，若遭到骚扰，就会在体表、触手和头部快速闪烁着黑色、深褐色、白色与黄色的斑纹；在发动攻击前的瞬间，触手前端会显现明亮的红色。火焰乌贼以接近腹部的一对触手在海床表面行走，这是它们主要的移动方式。

玫瑰毒鲉

（1）体貌特征及生活习性

玫瑰毒鲉体平扁，前部宽约等于体高。头大，形状不规则。口大斜裂近垂直。体无鳞，皮粗厚，身上有许多大小形状不一之皮质突起。体色多变化，体侧有3条宽横带，胸鳍前后各有一条弧状宽纹，中间及外端则色淡。背鳍连续，背鳍棘12～14，基部有毒腺，能分泌神经毒，足令人致命。体长可达40厘米。

（2）分布情况

玫瑰毒鲉主要分布于印度、太平洋、台湾海域一带。本鱼常停栖于礁区平台或碎石区，伪装自己融入四周环境，伺机猎食鱼类、甲壳类。

（3）毒性情况

玫瑰毒鲉外观与鲉相似，但体裸出，只有少许鳞片，背鳍棘基部之毒腺有神经毒，足以使人致命，潜水时要特别小心。其貌不凡，伪装、拟态功夫好，不易被发现。

狗 鱼

（1）体貌特征及生活习性

狗鱼又叫做黑斑狗鱼、鸭鱼，体细长，稍侧扁，尾柄短小。头尖，吻部特别长而扁平，似鸭嘴。口裂极宽大，口角向后延长可达头长的一半。齿发达，上下颌、犁骨、筛骨和舌上均具有大小不一致的锥形锐齿。它的牙齿与众不同，上颚齿可以伸出来并有韧带连着，这种锋利的牙齿可以把捕捉到的动物挂住，有时也把吃不完的食物挂在牙齿上，留着备用。鳞细小，侧线不明显。背鳍位置较后，接近尾鳍，与臀鳍相对，胸鳍和腹鳍较小。背部和体侧灰绿色或绿褐色，散布着许多黑色斑点，腹部灰白色，背鳍、臀鳍、尾鳍也有许多小黑斑点，其余为灰白色。

最大的狗鱼体长约 1.4 米，重约 21 千克。与北美狗鱼和美洲狗鱼

生活习性相似。狗鱼科鱼类都是静伏于水中或潜匿于水草丛中的独居性掠食鱼类。当猎物进入够得着的范围内，它们会突然猛冲捕捉。通常以小鱼、昆虫、水生无脊椎动物为食，但较大个体也取食水鸟和小兽。冬末入春时在杂草丛生的淡水中产卵繁殖。

狗鱼属鲑形目，狗鱼科，狗鱼属。狗鱼是在北半球寒带到温带里广为分布的淡水鱼。口像鸭嘴大而扁平，下颌突出，是淡水鱼中生性最粗暴的肉食鱼，除了袭击别的鱼外，还会袭击蛙、鼠或野鸭等。据说狗鱼一天能吃掉和自己体重相当的食物。因为寿命长，偶尔可发现巨大型的个体。

狗鱼性情凶猛残忍，行动异常迅速、敏捷，每小时能游 8 千米以上。狗鱼不但异常凶猛，而且诡计多端。这与它的侧线构造有关。狗鱼的侧线实际上为一列具有纵沟纹的鳞片。它不仅可以起着普通侧线的震动感受点的作用，还能起到化学感受点的作用。同时，狗鱼还有着极为灵敏的视觉，这样就使得狗鱼能非常迅速地感受到猎物的来临。平时多生活于较寒冷地带的缓流的河汊和湖泊、水库中，游弋于宽阔的水面，也经常出没于水草丛生的沿岸地带，以其矫健的行动袭击其他鱼类。幼鱼性情温顺常成群生活，成鱼则单独栖息。有着明显的洄游规律，春季解冻后游向上游河口沿岸区域或进入小河口、泡沼产卵，产卵结束后分散肥育，冬季进入大河深水处越冬。狗鱼以鱼类为食，食量大，冬季仍继续强烈索食，尤以生殖后食欲更旺。通常在清晨或傍晚猎取食物，其他时间则不再游动，而是静下来休息，并慢慢地消化所吞食的食物。狗鱼捕食时异常狡猾。每当狗鱼看到小动物游过来时会耍花

招用肥厚的尾鳍使劲将水搅浑，把自己隐藏起来，一动不动地窥视着游过来的小动物，到达一定距离就突然一口将其咬住，接着三下五除二将小动物吃掉一大半，剩余的部分挂在牙齿上，留待下次再吃。

繁殖季节时，狗鱼会停止摄食，一般3～4冬龄鱼达到性成熟，生殖期为4～6月初，水温为3℃～6℃，在水深为0.5～1.0米而有水草场所产卵，产卵高峰为1周。在生殖季节，当静静的水面涌起波浪，这象征着雌狗鱼的到来。雌狗鱼比雄狗鱼凶残得多，如果不是在生殖阶段，雄鱼是不敢靠近雌鱼的。此时雌鱼游得很快，而且没有规律，猛游后进入杂草丛生的地方，一动不动，等待着雄鱼的到来。接着雄鱼小心翼翼地游向雌鱼。此时雌鱼将看不顺眼的雄鱼赶走，留下来的雄鱼将雌鱼包围起来，雌狗鱼极度兴奋地在前面游动，雄狗鱼则在后面追逐。这时雄鱼会不断地在一起盘恒、搏斗、厮杀，然后又去追赶游远了的雌鱼。雌狗鱼开始疲乏时，就停留在草丛中，开始不停地翻转，并不断地增加翻转的速度。此时雄鱼靠近雌鱼，随其翻滚，有时还会跳起来，并用身体顶撞雌鱼。过了大约 15 分钟，雄鱼开始排精，紧接着雌鱼也排卵，当雌鱼产卵快完时，一尾尾雄鱼慌忙逃离，以免被雌鱼咬伤。尽管雌鱼已相当疲乏，但仍然显示出它们的贪婪和凶残，并开始吃起自己产下的卵和逃避不及的雄鱼。狗鱼生长快，寿命长，有人发现有重达 30 ~ 35 千克、年龄为 70 岁的狗鱼个体，世界上最长寿的鱼就是一条狗鱼，年龄达 267 岁。

（2）毒性情况

狗鱼的卵有毒，切不可食用。

纹腹叉鼻鲀

（1）体貌特征及生活习性

纹腹叉鼻鲀，体无鳞，被小钝刺，小刺有时埋于皮下不显著。性懒而贪吃，但在肛门前方常有一群较大的鱼屯刺。鼻瓣为两分叉的皮质突起。体背侧有许多白色圆点，腹部具若干条白色纵纹。属暖水性有毒鱼类。体长一般100～210毫米，大者体长可达500毫米左右。我国在海南岛、上海、西沙群岛一带可捕到。

纹腹叉鼻鲀相貌丑陋，但色彩艳丽，它的卵巢、肝、肠、皮肤、骨甚至血液中都含有一种神经毒素——鲀毒素。研究人员还发现，鲀毒素的毒力与生殖腺活性密切相关，再繁殖季节前达到最高期。如果在这个季节中不慎吃了这种鱼，2小时内便可死亡。

纹腹叉鼻鲀生活于3～50米海域，幼鱼偏好在河口区活动，属广盐性鱼类。游动缓慢，受惊吓会泵入大量的空气或水，将鱼体涨大成圆球状，以吓退掠食者。晚上就地而眠，很少躲入洞中。肉食性动物，以小型底栖无脊椎动物为主。

（2）分布情况

纹腹叉鼻鲀，主要分布在印度－太平洋热带海域，包括台湾南部、北部及西部海域。

（3）毒性情况

1774年，有位名叫詹姆斯·库克的船长在他的航海日记中有这样一段记载：那天他的助手从当地土人那儿买了条鱼，样子有些象翻车鱼，脑袋又大又长又丑陋，由于时间很晚了，所以只做了鱼肝和鱼子尝尝，但在早晨3点就发生了中毒症状，头昏脑涨，四肢麻木，另有一头猪则因吃了鱼内脏而死亡。这就是一次关于世界上最毒的有毒鱼——纹腹叉鼻鲀中毒的记载。

这种鱼分布于红海和印度、太平洋海域，它的卵巢、肝、肠、皮肤、骨甚至血液中都含有一种神经毒素——鲀毒素。研究人员还发现：鲀毒素的毒力与生殖腺活性密切相关，在繁殖季节前达到高峰。如果在这个季节中不慎吃了这种鱼，2小时内就可能死亡。鲀中毒或称河豚中毒是海洋生物中毒中最剧烈的一种。

蓝环章鱼

（1）体貌特征及生活习性

蓝环章鱼是一种很小的章鱼品种，臂跨不超过15厘米。可以饲喂小鱼、蟹、虾及甲壳类动物，会用很强的毒素（河豚毒素）麻痹猎物。在海洋中，蓝环章鱼属于巨毒生物之一，被这种小章鱼咬上一口就能致人死亡。

蓝环章鱼与箱水母是两种最毒的海洋生物，它体内的毒液可以在数分钟内置人于死地。目前医学上仍未有解毒的方法，蓝环章鱼个性害羞，喜爱躲藏在石下，晚上才出来活动和觅食。

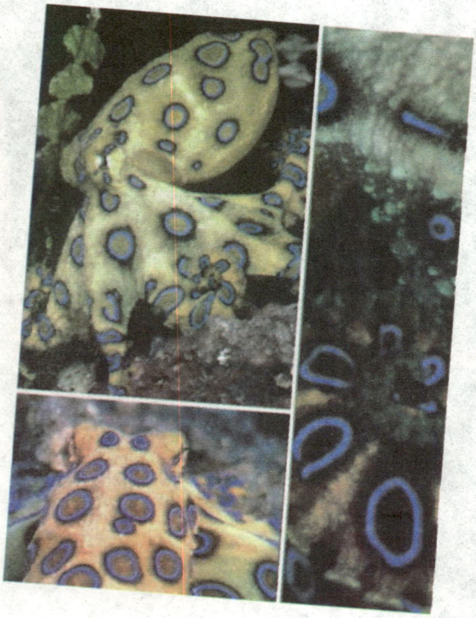

蓝环章鱼的毒性可以由它自身的颜色显示出来。它的皮肤含有颜色细胞，可以随意改变颜色，通过收缩或伸展，改变不同颜色细胞的大小，蓝环章鱼的整个模样就会改变。因此当蓝环章鱼在不同的环境中移动时，它可以使用与环境色相同的保护色。如果它受到威胁，它们身上的蓝色环就会闪烁，蓝环章鱼也因此而得名。这些蓝色环上的细胞密布着反射光形成的灿烂而有颜色的水晶。蓝环章鱼利用这些独一无二的环警告其他生物，自己拥有致命武器。

（2）分布情况

在日本与澳大利亚之间的太平

洋海域中到处都栖息着蓝环章鱼，它们靠捕食小虾小蟹和受伤的鱼类为生。它的体型只有高尔夫球大小，体表为黄褐色，因此很容易隐身于周边环境中。这种章鱼个头虽小，但分泌的毒液足以在一次啮咬中就能夺人性命。由于目前还没有解毒剂，因此它是已知的最毒的海洋生物。

（3）毒性情况

章鱼有100多种，有些有毒，对人有危害。蓝环章鱼属于巨毒生物，被列为“全球十大最毒动物”之一，体内的毒素足以让26个成年人在半小时内全部死亡！但这种章鱼不会主动攻击人类，除非它们受到很大的威胁。

蓝环章鱼一口就能杀死一个人，并且无法抢救。它们栖息在太平洋里，腕足上有美丽的蓝色环节，遇到危险时，身上和爪上深色的环就会发出耀眼的蓝光，向对方发出警告信号。它尖锐的嘴能够穿透潜水员的潜水衣，同时喷出的巨毒墨汁，足以使一个成年人在几分钟内毙命。更可怕的是，目前人类还无法化解来自蓝环章鱼体内的毒素。

澳大利亚这种有蓝色环状斑点的章鱼，对人危害最大。一只这种章鱼的毒液，足以使10个人丧生，严重者被咬后几分钟就毙命，而目前还无有效的抗霉素来预防它。章鱼的毒液能阻止血凝，使伤口大量出血，且感觉刺痛，最后全身发烧，呼吸困难，重者致死，轻者也需治疗三四周才能恢复健康。

因被章鱼咬伤而毙命的事例有不少。在澳大利亚，一位潜水者抓到一只小的蓝环章鱼，大小只有20

厘米，觉得很好玩，让它从胳膊上爬到肩上，最后爬到颈部背面，在那里呆了几分钟，不知出于什么原因，它朝潜水员颈部咬了一口，并咬出了血，没过几分钟，受害者感觉像是病了，两小时后不幸身亡。

虽然蓝环章鱼不算是好斗的动物，但在被激怒后它也会发起攻击，而大多数对人类的攻击仅仅发生在蓝环章鱼被从水中提起来或被踩到的时候。在被激怒时，这种章鱼身上会出现蓝色的圆环或条纹，在美丽的外表下是触之即可能丧命的危险物。这种章鱼能注射使神经肌肉麻痹的毒素，片刻间就可置人于死地。对伤者必须不断做急救呼吸，直至送到能提供人工呼吸的医院为止。人工呼吸应持续约 24 小时，以确保所有毒素排出体外。

（3）毒素成分

蓝环章鱼有毒，是因为它体内有河豚毒素。河豚毒素对中枢神经和神经末稍有麻痹作用，其毒性较氰化钠大 1000 倍，0.5 毫克即可致人中毒死亡。河豚毒素毒性稳定，加热和盐腌均不能使其破坏。

蓝环章鱼所分泌的毒素含有河豚毒素、血清素、透明质酸酶、胺基对乙酚、组织胺、色胺酸、羟苯乙醇胺、牛磺酸、乙酰胆碱和多巴胺。主要的神经毒以往认为是一种称作 maculotoxin 的物质，但目前确认是河豚毒素；这种毒素也可以在河豚和芋螺的体内找到。河豚毒素会阻断肌肉的钠通道，使肌肉瘫痪，并导致呼吸停止或心跳停止。蓝环章鱼的河豚毒素是由唾液腺中的一

种细菌所制造的。

（4）致死机制

蓝环章鱼的毒素是一种毒性很强的神经毒素，它对具有神经系统的生物是非常致命的，其中包括我们人类。当生物被章鱼攻击后，毒素在被攻击对象体内干扰其自身的神经系统，造成神经系统紊乱，这种神经系统的紊乱往往是致命的。在毒素注射到生物体内时，有毒分子会迅速扩散，毒素会破坏生物体的生命系统，每一个有毒分子都在寻找生物体内的神经细胞之间的连接的地方，在那里，它们会拦截指挥肢体运动的特定化学物质来传递信息，神经系统由此被破坏，被攻击对象的整个神经系统瘫痪，虽然还活着，却已经无力反抗，任由蓝环章鱼摆布。在人体内，蓝环章鱼的毒素侵害着所有受人脑支配的肌肉，被攻击的人虽然神志清醒，却不能交流，不能呼吸。如果不做人工呼吸的话，他会渐渐窒息。

蓝环章鱼的毒素存在于它的唾液腺中，然而，它的毒素不是由其自身分泌的，而是由存在于唾液腺

中的病毒粒子引起的。病毒粒子在自然界中是不能独立存活的，它寄生在章鱼的唾液腺里，当章鱼攻击其他生物时，病毒粒子进入到生物体内，而发挥它的作用机制，发挥它的毒性作用。

蓝环章鱼的神经细胞已经分化——它们就像电话线一样，组成了网络，将信息迅速传递到身体的任何部位电脉冲沿着神经细胞传递，直到它们到达了与另外一个细胞的接点。然后产生一种特定的化学物质，跳过两个细胞间的空隙，在另一边的细胞接受了这种化学物质，并产生了携带住处的新电脉冲。发生在这些接点的过程对于大脑反信息传递给肌肉是非常重要的。

(5) 急救方法

遭蓝环章鱼啮咬后，第一时间应按住伤者伤口对其并施以人工呼吸。人工呼吸的急救必须持续，直到伤患恢复到能够自行呼吸的状态为止，而这往往需要数小时之久。即使是在医院，也只能够对伤患进行呼吸与心跳的维持治疗，直到毒素浓度因身体代谢而降低。儿童因体型较小，若遭啮咬症状会最严重。若在发绀以及血压降低的症状出现之前就施以人工呼吸治疗，伤患就可能保住性命。成功撑过 24 小时的伤患，多半能够完全康复。即使伤患已无反应，也应立即且全程施以循环辅助；因为河豚毒素会瘫痪肌肉，伤患即使神智清楚也无法呼吸或做出任何反应。

黄貂鱼

（1）体貌特征及生活习性

黄貂鱼又叫做刺魟、魔鬼鱼、鯆鱼、草帽鱼、蒲扇鱼，身体极扁平，体盘近圆形，宽大于长。吻宽而短，吻端尖突，吻长为体盘长的1/4。眼小，突出，几乎与喷水孔等大。喷水孔紧接于眼后方；口、鼻孔、鳃孔、泄殖孔均位于体盘腹面。鼻孔在口的前方，鼻瓣伸达口裂。口小，口裂呈波浪形，口底有乳突5个，中间3个显著。齿细小，呈铺石状排列。体盘背面正中有一纵行结刺，在尾部的较大；肩区两侧有1或2行结刺。尾前部宽扁，后部细长如鞭，其长为体盘长的2～2.7倍，在其前部有1根有锯齿的扁平尾刺，尾刺基部有一毒腺。在尾刺之后，尾的背腹面各有一皮膜，腹面较高且长。

体盘背面赤褐色，边缘略淡；眼前外侧、喷水孔内缘及尾两侧均呈桔黄色，体盘腹面乳白色，边缘桔黄色。黄貂鱼的招牌动作是状如翅膀的胸鳍波浪般在海里摆动。

黄貂鱼尾刺有毒。当它感觉受到威胁时就会用毒刺攻击对方，人捞捕或处理鱼货时常被刺伤。黄貂鱼只用毒刺进行防御，并不利用它捕捉或者袭击猎物，它们的性情非常温和，并不是具有攻击性或者致命的动物，不过一旦刺中，就会令人非常痛苦。这种刺会给人的身体造成重伤。并会产生剧烈疼痛，在大面积刺伤的表面，毒液会导致瞬间的巨疼，让人感觉身体上就像被钉子戳了个孔，还像被猫咪抓了一样，而且黄貂鱼刺上有很多细菌。就如许多海洋生物学家所说，这种动物是海洋里的“大猫”。

（2）毒性情况

1995年的《危险海洋生物——野外急救指南》一书指出，黄貂鱼是目前所知体型最大的有毒鱼类，尾部可达37厘米长。如被刺到胸腔，会造成重伤甚至死亡，特别是心脏部位受伤的话，需紧急开刀，不过伤及心脏通常都难逃一死。黄貂鱼只用毒刺进行防御，并不利用它捕捉或者袭击猎物。它们的性情非常温和，并不是具有攻击性或者致命的动物。

澳大利亚著名的电视明星、动物保护人士史蒂夫·艾尔文就是死于这种凶悍有毒鱼类。

虽然这种动物在史蒂夫@艾尔文事件后获得坏名声，但是黄貂鱼并不是具有攻击性或者致命的动物。

虽然它们有刺，但却很少使用，“不过一旦刺中，就会令人非常痛苦。”这些温和的动物在受到威胁时，会用尾部尖尖的锯齿状刺进行攻击。这种刺会给人的身体造成重伤。

在大面积刺伤的表面，毒液会导致瞬间的巨疼。但是，黄貂鱼只用毒刺进行防御，并不利用它捕捉或者袭击猎物。

世界最大的黄貂鱼由34岁的美国生物学家扎布·霍干在柬埔寨夜弓河中捕获，该鱼长达4.2米、宽1.8米。

石 鱼

（1）体貌特征及生活习性

石鱼又叫做毒鲉、海底“忍者”瑰玫毒鲉，老虎鱼、石头鱼，属暖水性底层鱼类。背鳍棘被有厚皮，基部有毒囊，被其刺伤后会感到疼痛难忍。体长一般为 15 ~ 25 厘米，体重为 300 ~ 500 克，躲在海底或岩礁下，将自己伪装成一块不起眼的石头，即使人站在它的身旁，它也一动不动，让人发现不了。石头鱼属于鱼由科，身体厚圆而且有很多瘤状突起，好像蟾蜍的皮肤。体色随环境不同而复杂多变，像变色龙一样通过伪装来蒙蔽敌人，从而使自己得以生存。通常以土黄色和橘黄色为主。它的眼睛很特别，长在背部而且特别小，眼下方有一深凹。它的捕食方法也很有趣，经常以守株待兔的方式等待食物的到来。

（2）分布情况

石鱼主要分布在印度洋和太平洋热带海区，我国仅见于南海。生长在澳大利亚南岸的石头鱼就像是海上的岩石或者珊瑚。石鱼的毒液会引起激烈的疼痛，并使被毒害的动物休克死亡。

（3）毒性情况

石鱼的硬棘（背鳍棘基部的毒

腺有神经毒）具有致命的巨毒。虽貌不惊人，但若是不留意踩着了它，它就会毫不客气地立刻反击，背上的尖刺会刺穿人的皮肤，注入一种致命毒液。它的脊背上那12～14根像针一样锐利的背刺会轻而易举地穿透人的鞋底刺入脚掌，轻者造成肿痛，重者可能会造成痉挛和昏迷，并一直处于剧烈的疼痛中，直到死亡。

（4）价值与功效

石鱼虽然丑陋，但却肉质鲜嫩，脂肪肥厚但油而不腻，没有细刺，营养价值很高，可煮汤、清蒸或干烧、粉蒸。在食用时应只留肉且清洗干净，防止残留毒素。

石鱼的鱼肉生津、润肺，皮肤不好的人吃了，还能起到美容的作用。

趣味怪事

石头鱼的厉害

一位不幸中招的受害者曾在水族动物爱好者网上论坛中描述了自己的经历，“在澳大利亚，我的手指被一条石鱼刺中，当时就像每个指关节、腕

关节、肘部和肩膀都依次被大锤敲打了一遍，这种感觉持续了一个小时，随后双肾部位又有约45分钟被踢中的感觉，你根本无法起立或站直。当时我还不到30岁，身体非常棒，被石鱼刺中的伤口也很小，但直至几天之后手指才开始恢复知觉，更有甚者，在被刺伤后的几年里我还周期性地遭受肾痛。”

还有另外的被刺伤者甚至痛得要求截掉伤肢。来自蒙特利湾水族馆的胡奇曾与石鱼近距离接触过，他认为被这种动物刺伤的痛感“绝对是名列前茅的”。

老虎鱼

（1）体貌特征及生活习性

老虎鱼又叫做海蝎子，体形独特，头部较大，眼睛小，体前部粗大，而后部侧扁，黑色、有背鳍、胸鳍、腹鳍、臀鳍及尾鳍，由于它的外貌颇像老虎，故人们都叫它老虎鱼。

老虎鱼，平时喜爱栖息于岩礁区域和海藻丛生之处。

（2）毒性情况

正因为老虎鱼的鳍刺上布满了毒腺，其毒性又非常剧烈，所以凡是被其刺中的渔民，轻则剧痛难忍，重则危及生命。因此，过去渔民不愿意捕捞它，更因它的鳍刺有巨毒的关系，人们都不敢食。

（3）价值与功效

近年来，经国内外水产专家的研究发现，老虎鱼不仅富有营养，而且其药用价值又很可观。经测试，老虎鱼的鱼肉具有清热解毒的功效，可医治腰痛及小儿疮疖。同时，老虎鱼不仅味道十分鲜美，而且其肉质滑嫩细腻、风味独特。当然，人们从市场上购回老虎鱼后，应首先将其鳍刺上的毒腺去除干净才能食用。

河　豚

（1）体貌特征及生活习性

河豚鱼又名鲀鱼、气泡鱼、辣头鱼，身体短而肥厚。河豚生有毛发状的小刺。坚韧而厚实的河豚皮曾经被人用来制作头盔。河豚的上下颌的牙齿都是连接在一起的，好

像一块锋利的刀片。这使河豚能够轻易地咬碎硬珊瑚的外壳。河豚大都是热带海鱼，只有少数几种生活在淡水中。河豚一旦遭受威胁，就会吞下水或空气使身体膨胀成多刺的圆球，天敌很难下嘴。许多种类的河豚的内部器官含有一种能致人死命的神经性毒素。有人测定过河豚毒素的毒性。它的毒性相当于巨毒药品氰化钠的1250倍，只需要0.48毫克就能致人死命。其实，河豚的肌肉中并不含毒素。河豚最毒的部分是卵巢、肝脏，其次是肾脏、血液、眼、鳃和皮肤。河豚毒性大小，与它的生殖周期也有关系。晚春初夏怀卵的河豚毒性最大。这种毒素能使人神经麻痹、呕吐、四肢发冷，进而心跳和呼吸停止。国内外，都有吃河豚丧命的报道。虽然，品尝河豚要冒着生命危险，但是由于河豚的味道十分鲜美。所以，还是有众多贪食的人拼死吃河豚。世界上最盛行吃河豚的国家是日本。日本的各大城市都有河豚饭店，厨师要经过严格的专业培训。毕业考试时，厨师要吃下自己烹饪的河豚。因此，

有些技术不过硬的人，就不敢参加考试逃跑了。河豚游得很慢。这是因为大多数鱼通常在身体的后半部具有游泳肌肉。河豚只好利用左右摇摆的背鳍和尾鳍划水。河豚的牙齿与刺豚的牙齿很相似。河豚的牙齿融合成一个喙。上下腭的牙齿用来咬碎软体动物和珊瑚。河豚将这些生物活的部分连同蟹、蠕虫和藤壶等海洋生物一起吞食。河豚鱼约

蛤 蜊

牡 蛎

海 胆

有100多种，口小头圆，背部黑褐色，腹部白色，大的长达1米，重10千克左右，眼睛平时是蓝绿色，还可以随着光线的变化自动变色。身上的骨头不多，而且背鳍和腹鳍都很软，但长着两排利牙，能咬碎蛤蜊、牡蛎、海胆等带硬壳的食物。

（2）分布情况

河豚鱼在江浙一带被称为小玉斑、大玉斑、乌狼等，在广东一带称乘鱼、鸡泡、龟鱼，在广东的潮汕地区称乖鱼，而在河北附近则称腊头。

河豚鱼属硬骨鱼纲，鲀形目，鲀亚目，鲀科，是暖水性海洋底栖鱼类，分布于北太平洋西部，在我国各大海区都有捕获，假睛东方豚还经常进入长江、黄河中下游一带水域，而暗纹东方豚亦可进入江河或定居于淡水湖中。一般于每年清明节前后从大海游至长江中下游。在我国，河豚鱼有30余种，常见的有黄鳍东方、虫纹东方、红鳍东方、暗纹东方等，其中以暗纹东方产量最大。一般体长70～500毫米，其中红鳍东方豚已见最大体长为750毫米。河豚鱼味道极为鲜美，与鲥鱼、刀鱼并称为“长江三鲜”。

河　豚

鲥　鱼

刀　鱼

（3）河豚毒素

几乎所有种类的河豚都含河豚毒素，它是一种神经毒素，人食入豚毒0.5毫克～3毫克就能致死。毒素耐热，100℃时8小时都不被破坏，120℃时1小时才能破坏，盐腌、日晒亦均不能破坏毒素。毒素主要存在于河豚的性腺、肝脏、脾脏、眼睛、皮肤、血液等部位，卵巢和肝脏有巨毒，其次为肾脏、血液、眼睛、鳃和皮肤，精巢和肉多为弱毒或无毒。在熟制河豚时，一定要严格细心地除去河豚的内脏、眼睛，剔去鱼腮，剥去鱼皮，去净筋血，用清水反复洗净。河豚鱼肉质特别细嫩，味美，营养丰富。它的药用价值很高，从其肝脏、卵巢的毒素中，

可提练出河豚素、河豚酸、河豚巢素等名贵药材。

每年春季是河豚鱼的产卵季节，这时河豚鱼的毒性最强。所以，春天是人食用河豚鱼中毒的高发季节。我国《水产品卫生管理办法》明确规定："河豚鱼有巨毒，不得流入市场。捕获的有毒鱼类，如河豚鱼应拣出装箱，专门固定存放"，所以，河豚鱼还是不吃为好。仅有少数人是拼死吃河豚，但多数人是因不认识河豚鱼而不小心吃了引起中毒。

河豚毒素所在部分为鱼体内脏。其包括：生殖腺、肝脏、肠胃等部位，其含毒量的大小，又因不同养殖环境及季节上变化而有差别，按长江河豚和人工养殖河豚的实例证明，各器官毒性比较如下：卵巢、脾脏、肝脏、血筋、眼睛、鳃耙、皮、精巢、肌肉。养殖河豚（2 龄以上）其器官毒性比较与野生河豚一致，但含毒素量较低。

①生殖腺

生殖腺就是卵巢及精巢。卵巢含巨毒，为河豚含毒量最大的强毒部分之一。精巢是微毒或无毒；卵巢与精巢为长圆形，位于腹腔后部，肛门附近。二者在生殖时期，易于辨别，睾丸为乳白色，卵巢为浅黄色；横断切面，精巢呈白乳糜状，而卵巢则呈颗粒状；但秋后因生殖期已过，卵巢与精巢皆呈萎缩，二者间较难辨别。

②肝脏

肝脏为一较大纵长的器官，位于腹腔的右侧，上接膨大的胃部，下部尖端达肛门附近，呈灰褐色，内侧具有一绿色的胆囊。肝脏为河豚巨毒部分，食河豚时宜特别注意在食前务必剖除干净，人工养殖的可以通过油煎后食用。

③皮肤和血液

河豚的皮肤含毒量因河豚种类而异，河豚皮肤含毒量甚微或无毒。血液特别是两块所谓脊血块即脾脏含有巨毒。

④肠胃

河豚的胃部甚大，能吸入水或空气，使其膨大，胃之下为肠，肠在腹腔内作二回折即达肛门，胃和肠也有毒，但毒性比卵巢及肝脏小得多。

⑤肌肉

河豚的肌肉可视为无毒，所以只要挖去河豚的内脏，再剥去皮，洗得干净，是不会中毒的。但河豚

死后，内脏的毒素溶在体液中，时间一久，可以渗入肌肉，不可不防。特别是制作鱼片（鱼生），用2%～5%碱液浸洗，更加安全。

河豚的卵巢和肝脏为河豚内脏中第二大巨毒脏器，其含毒量的多少，常随季节上的变化而有差异，每年2～5月为卵巢发育期，毒性较强，到6～7月后，产卵期已过，卵巢萎缩，毒性亦减弱。肝脏和卵巢相同，普遍亦为春季毒性较强。

此外，不同种类的河豚，其含毒量也不一致，而且即使同一种，有时含毒也不一致，一般雌的河豚比雄的河豚毒性强。

河豚鱼浑身是宝，就是河豚毒素，在医疗临床上也具有广泛应用，可制成戒毒剂、麻醉剂、镇静剂等，还可用于癌症的介入治疗。

（4）认识和鉴别河豚鱼

预防河豚鱼中毒，首先要认识到河豚鱼有毒，并能识别其形状，以防误食中毒。河豚鱼体形长、圆，头比较方、扁，有的有美丽的斑纹；有些则没有斑纹，而是一片黑色的鱼。又有形容河豚鱼外观呈菱形，眼睛内陷半露眼球，上下齿各有两个牙齿形似人牙。鳃小不明显，肚腹为黄白色，背腹有小白刺，鱼体光滑无鳞，呈黑黄色。

（5）中毒症状与处理

河豚鱼中毒以神经系统症状为主。潜伏期很短，短至10～30分钟，长至3～6小时发病。发病急，来势凶猛。开始时手指、口唇、舌尖发麻或刺痛，然后恶心、呕吐、腹痛、腹泻、四肢麻木无力、身体摇摆、走路困难，严重者全身麻痹瘫痪、有语言障碍、呼吸困难、血压下降、昏迷，中毒严重者最后多死于呼吸衰竭。如果抢救不及时，中毒后最快的10分钟内死亡，最迟4～6小时死亡。有报告显示，日本人食河豚鱼中毒病死率为61.5%。

对于河豚鱼中毒，目前尚无特效的解毒剂，发生中毒以后应立即将病人送往医院抢救，尽快使毒物排出，并对症治疗。预防河豚鱼中毒的最有效方法是管理部门严查，禁止零售河豚鱼，如果发现，应将河豚鱼集中并进行妥善处理。

趣闻杂谈

有关河豚的史话

河豚饮食文化的发展与六朝建都南京有关。据史载，公元 3 世纪到 6 世纪末，三国东吴、东晋、宋、齐、梁、陈六朝相继建都于建康（今南京），这是一个经战国之后中国思想界最活跃的时代。六朝建都南京，人流、物流促进了社会经济的发展，河豚饮食文化才有可能在长江下游兴起。到了 10 ~ 12 世纪的宋代，文人志士纷纷修诗写词，才有河豚的诸多精彩描述。

根据《山海经 · 北山经》记载，早在距今 4000 多年前的大禹治水时代，长江下游沿岸的人们就品尝过河豚，知道它有大毒了。2000 多年前的长江下游地区是春秋战国时期的吴越属地，人们品尝河豚的习俗比当今日本人还有过之无不及，特别是品尝河豚精巢时，对其洁白如乳、丰腴鲜美、入口即化、美妙绝伦的感觉，不知该如何形容，有人联想起越国美女西施，于是“西施乳”就在民间传开了。

到了宋代景祐五年（公元 1038 年），著名诗人梅尧臣在范仲淹家客，当同僚们绘声绘色地讲述河豚时，梅尧臣忍不住即兴作诗：“春州生荻芽，春岸飞杨花。河豚当是时，贵不数鱼虾……”，李时珍在《本

草集解》中还提到宋人严有翼在《艺苑雌黄》中说："河豚，水族之奇味，世传其杀人，余守丹阳、宣城，见土人户户食之。但用菘菜、蒌蒿、荻芽三物煮之，亦未见死者。"

明代医药学家李时珍（1518—1593年）毕30年功力，从上古炎黄帝至明代600余部巨著中悉心广搜穷揽，全面总结了公元前21世纪至16世纪我国药物学的成就，他在巨著《本草纲目》中说："据草创于大禹、成书于夏、完善于春秋战国时期的古籍《山海经·北山经》记载，河豚名鲱鱼，吴人说它的血有毒，肝脏吃下去舌头就发麻，鱼子吃下去肚子发

胀，眼睛吃下去就看不见东西了。宋人马志（约968年）在《开宝本草》中说：河豚，长江、淮河、黄河、海里面都有……”。

古往今来，随着生态环境的变迁，淮河、黄河的河道及入海口多次改变，黄河故道还遗留在江苏涟水等地；现在江苏的洪泽、淮阴、淮安、金湖、阜宁皆位于淮河下游，但人们在黄河、淮河中再也没有见到过河豚。据调查，现黄河流域和淮河两岸，包括苏北地区的人们，根本就不认识河豚也不会食用河豚；而长江下游苏南扬中地区的人们普遍认识河豚、嗜食河豚，至今传承的河豚饮食文化与苏东坡、梅尧臣等的描述完全合拍。从古人对河豚分布、生态习性、外部形态、行为的描述来看，“拼死吃河豚”中的河豚，应该指的是春天从海洋进入长江下游行生殖洄游的暗纹东方鲀。

趣闻杂谈

河豚的相关趣闻

1. 河豚三个比较有趣的特点

（1）一心两用：河豚的两只眼睛，一只用来追捕猎物，另一只用来放哨。这一特点是很多动物（包括人类）无法比拟的。

（2）装丑诈死：当渔民的鱼网捕捞到河豚并倒在岸上时，河豚会迅速的吸气，并膨胀成圆鼓鼓的状态——诈死，这个时候人们往往会觉得它很可恶，很难看，不由自主的用脚一踢，这无形中帮了它大忙——顺势一滚逃到水中，瞬间消失的无影无踪。

（3）老虎钳一样厉害的牙齿：河豚的牙齿力学结构非常完美，一斤重左右的河豚一口可以咬断 6 号铁丝！毫不夸张！如果不小心咬到了手指，一口下去，连骨头加肉全下来！钓鱼的人们最担心河豚咬钩——咬绳绳断，咬钩钩断！

2. 献水草、齿间传情

男士向女士献殷勤时，他们通常会献上一束鲜花。生活在南美洲亚马孙河流域的淡水豚亚河豚也不例外，只不过，它们不送鲜花送水草。

最新一期英国《新科学家》杂志刊登研究人员对巴西亚马孙河流域亚河豚的研究。他们发现，雄性亚河豚会从它们的水生环境中收集“礼物”献给心仪的对象，只不过，这份礼物可能是一束水草、一根木棍或者一块石子。

趣闻故事

严嵩吃河豚的故事

明代世宗朝有个贪鄙奸横的权臣严嵩，80多岁的时候，从山东蓬莱纳一渔家少女为妾。吃腻了山珍海味的严嵩，其下属独出心裁地为其婚宴策划出河豚宴，以示献媚助兴，得到严嵩首肯，遂带上河豚鱼，还有从山东雇佣的庖厨一起火速赴京。为防万一，以年轻的岳父为担保一同前往。

婚庆那日，当朝重臣、达官贵人、地方要员等宾客云集，纷纷前来恭喜道贺，热闹非凡。当最后一道香喷喷的清炖河豚鱼端上桌时，垂涎欲滴的宾客争相为食，一眨眼工夫，一大盘河豚鱼早已入口下肚了。

正当大家余兴未尽品评着河豚鱼的美滋美味时，中间南侧靠窗一桌有一身穿长袍书生模样的年轻人，徒然倒地，口冒白沫，浑身抽搐而不省人事。“有人中毒了！”婚宴一派哗然、乱作一团。严嵩爪牙直奔厨房捉拿厨子，可厨子一个也不见了，“岳父”也没了踪影。

慌乱中严嵩勃然大怒，责问小妾：“何以解毒？”

小妾说：“惟有黄汤。”

严嵩问道：“何为黄汤？”

小妾说：“即粪水。”

严嵩即刻下令去茅厕担来粪水。

为解毒活命，宾客们顾不上颜面尊严，人人端起碗，个个扬起脖，闭上眼将粪水喝下，哇哇地将抢食的河豚鱼等食物全部呕吐出来，甚至五脏六腑都要倒出来，

婚宴霎时臭气熏天，一片狼藉，一片哀鸣。

话说首次进京的乡下人，忙完了河豚鱼这道菜，都跑到街口看光景溜街去了，他们被生擒回来。正想问罪，此时那位倒地的仁兄苏醒过来，道出了事情的真相。原来，席间书生外出小解，待他回来时河豚鱼被一扫而光，就顿时生了大气，癫痫的老病复发……这时人们才恍然大悟。

这就是“黄汤”解鱼毒的故事。

河豚鱼的有毒成分是河豚毒素，它是一种神经毒，人食入豚毒 0.5 ~ 3 毫克就能致死。河豚的肝、脾、肾、卵巢、睾丸、眼球、皮肤及血液均有毒。以卵、卵巢和肝脏最毒，肾、血液、眼睛和皮肤次之。

鸡心螺

（1）体貌特征及生活习性

鸡心螺又叫做芋螺，贝壳呈圆锥形或双锥形，坚固，螺塔低，体螺层大，占据壳长一半以上。壳口狭窄且长。壳表有成长脉、螺脉、螺沟、颗粒和肩部的结节，并以各式各样的颜色呈现出如圆点、云状斑、轴线等形状。壳皮有薄有厚，有些壳皮上有毛，口盖角质，远小于壳口，新月状，核在下方。齿舌只有边缘齿，末端有倒钩。壳表面被有易脱落的黄色薄壳皮。壳面光滑，或具细浅的螺旋沟纹，并常具各样斑点和花纹，色泽美丽。

所有的鸡心螺都有一个共同的特点：螺体呈倒锥形，而且极其的坚实。鸡心螺壳或重或轻。壳顶扁平，或有一个伸出的螺塔部，有的壳表面平滑，有的有螺旋状装饰。色彩及花纹斑斓多彩，因此颇受收藏者青睐。许多鸡心螺都有一个小而窄的角质口盖。壳皮或者薄如丝，或者厚而粗。

鸡心螺是在沿海珊瑚礁、沙滩上生活的美丽的螺类，贝壳前方尖瘦而后端粗大，形状像鸡的心脏或芋头。鸡心螺的种类很多，贝壳有不同的色彩和花纹。

（2）分布情况

鸡心螺一般多生活在暖海。我国福建、广东沿岸以及台湾省和南海诸岛的珊瑚礁中都有分布，可供观赏。

（3）毒性情况

鸡心螺只在晚上出来活动，它的外壳上有漂亮的图案，很容易被辨认出来。然而，贸然将它们拣起却是致命的，每年大约有 70 多人死于捡拾鸡心螺。

一只鸡心螺的毒素足以杀死 10 个成年人。它的毒素通常都是针对小鱼的，由于人类和鱼有着相似的神经系统，这使人类同样易于受到鸡心螺的侵害。试验显示：鸡心螺的受害者在死亡前，并没有什么痛苦。科学家在鸡心螺的毒素内发现了 100 多种化合物，每一种都具有不同的功能。有些让小白鼠不停地挠自己，有些让它们转圈。其中就

有阻断神经系统传递信息的化合物，这种化合物使得生物体在死亡时因为神经系统无法传递信息，而没有任何感觉。

鸡心螺在捕猎时会把身体埋伏在沙里，仅将长长的鼻子露在外面。那是一个探测器，当它探测到猎物靠近时就会伸出长而尖的“毒素注射器”。它的尖端部分隐藏着一个很小的开口，可以从这里射出来一支毒针，使猎物瞬间麻痹。

鱼在被鸡心螺攻击之前，依靠生物神经系统控制着自己的身体。鸡心螺将针刺刺入鱼的身体后，只

用不到一秒的时间就阻止了鱼挣扎，紧接着，毒素展开了第一轮攻击，迅速进入控制鱼类神经信号的化学阀门，使阀门处于长时间的开放状态，毒素不断的侵入鱼体内。由于鸡心螺毒素的作用，鱼的肌肉开始痉挛，就在鱼设法重新控制自己的行动之前，鸡心螺的又一次攻击开始了，毒素攻击着鱼的神经和肌肉之间的接点，阻止了肌肉接受指令，当痉挛变得越来越微弱的时候，鱼就彻底瘫痪了。

像鸡心螺这样的一系列的海洋有毒生物，由于它们长期生存在一种特定的海洋的特殊的生态环境里边，长期的进化过程，使它们形成了多种多样的生理功能。这些生理功能其中就体现在它们的毒素上。实际上这些毒素都是具有许多特殊生理活性的物质，这些生理活性物质有时候会对人类产生重大的作用。像鸡心螺这种海洋典型的有毒生物，它所产生的生理活性物质就是人类开发新的药物，治疗人类重大疾病的一些重要来源。所以对人类以后的药物开发有着非常重要的启示作用。

第五章　有毒腔肠动物

腔肠动物大约有10 000种，只有几种生活在淡水中，其余大多数都生活在海水中。这类水生动物身体中央生有空囊，因此整个动物有的呈钟形，有的呈伞形。腔肠动物的触手十分敏感，上面生有成组的被称为刺丝囊的刺细胞。如果触手碰到可以吃的东西，末端带毒的细线就会从刺丝囊中伸出，刺入猎物体内。

箱形水母，被称为“世上最令人痛苦的毒刺”，是一种足以让人丧命的海洋腔肠动物；水螅，生殖方式十分特别，既可以进行有性生殖，又可以进行无性生殖，但也是一种有毒的海洋动物；海蜇，虽是人类的口中美食，但也毒性强烈；海葵，形似植物但却非植物，却生的一身好本领，身藏毒素，让人摸不得；珊瑚中的红珊瑚在佛典中还被尊奉为“七宝”之一，却是美好中蕴藏着毒物……

本章将带你了解海洋里的有毒腔肠动物，认识它们的毒性所在，避免不慎被伤。

箱形水母

（1）体貌特征及生活习性

澳大利亚箱形水母也被称为海黄蜂，这种如沙拉碗般大小的水母触须数量可达 60 根之多，每根触须又长达 4.6 米。每只触须上都长有 5000 个刺细胞和足够让 60 人丧命的毒素，因此它们也被科学家称为海洋中的透明杀手。最可怕的是，据说这种致命的水母还会主动攻击人类。澳大利亚箱形水母可以把松弛状态下的 1 米长触角“射出”3 米远，缠绕住游泳的人，它的毒液会阻断人的呼吸，而解毒药只在被攻击后很短的几分钟内注射才能生效。在这种情况下，唯一能免受攻

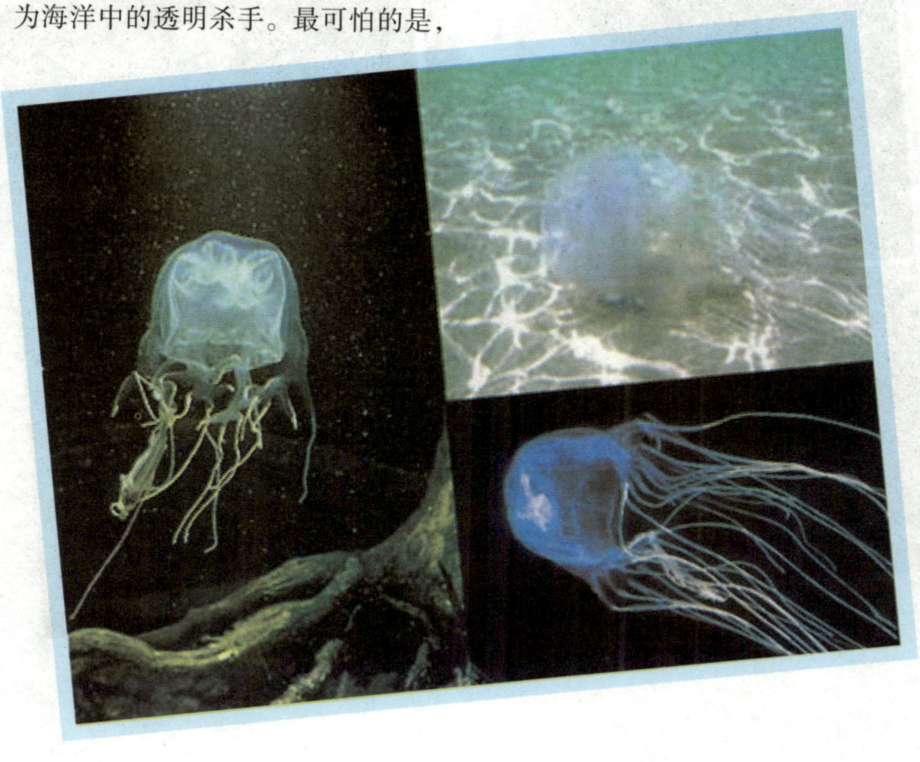

击的方法就是不在这种水母出没的海域中游泳。箱形水母有24只眼睛在钟状体上，6个一组。一组中有两个是高级复杂的眼睛，其余4个是仅能感光的原始眼。

（2）毒性情况

箱形水母这种透明的海洋生物是热带海滩上的毒物。它们被认为是动物界里非常危险的一种生物，它们的触须包含巨毒，可致人类丧命。而且这种毒液可引起令人无法忍受的剧烈疼痛。箱形水母的触须会向受害者的皮肤里释放很多毒针，每个毒针都包含一种致痛因子，因此它被称为“世上最令人痛苦的毒刺”。

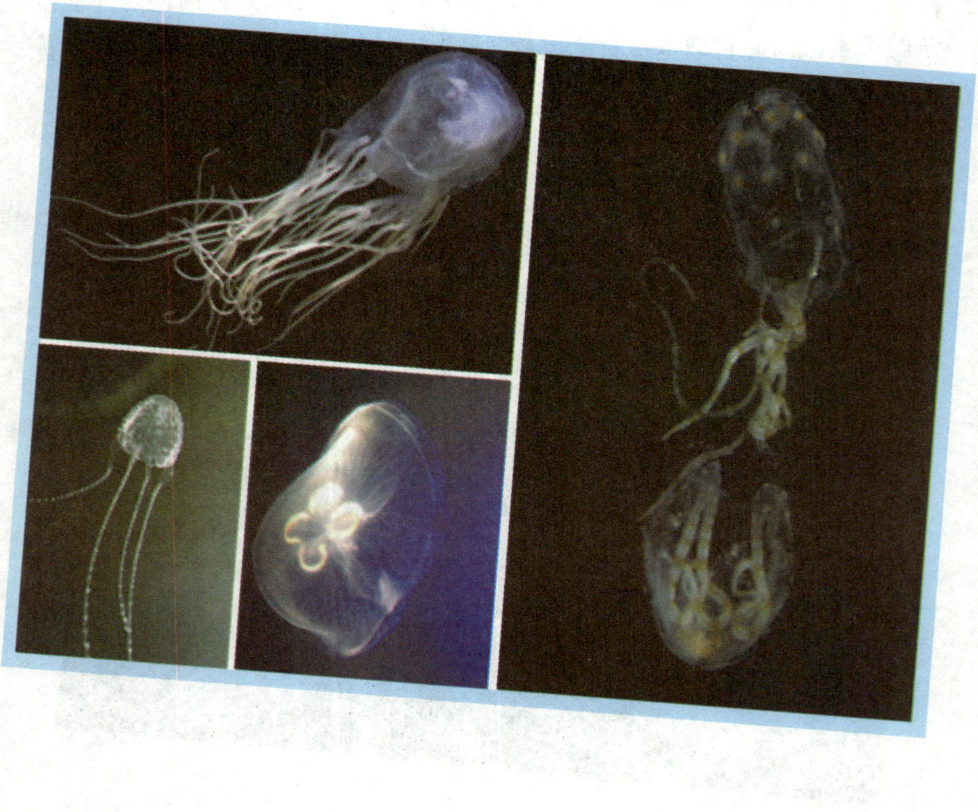

水　螅

（1）体貌特征及生活习性

水螅，多细胞无脊椎动物，包含有无芽体、精巢，多见于海中，少数种类产于淡水。最常见的有褐水螅、绿水螅。水螅一般很小，只有几毫米，需要在显微镜下研究。水螅属腔肠动物门水螅纲螅形目动物，管状，由外胚层、中胶层和内胚层组成，顶端有口，周围有一圈触手。水螅体的基端和与群体等长的一根有生命的总管（共肉）相连，个体间可通过共肉交换食物。共肉外面有一粗糙的几丁质鞘（围鞘）保护。群体随着水螅体数目的增多而生长，但也进行有性生殖。群体周期性也产生生殖体（子茎），生殖体释出浮浪幼体或水母体（随种类而异）。有些种类的水螅体能缩入水螅鞘内，水螅鞘是围鞘的扩展部分，但有的无水螅鞘。多数种类生活在海中，但有的在淡水中。单独生活。

水螅在分类上属于低等无脊椎动物，腔肠动物门、水螅虫纲。体成辐射对称。体壁由内外两层细胞构成，中间有中胶层。水螅因为没有骨骼，必需靠体壁的中胶层来支持身体。在外层细胞中有好几种特化细胞，其中以刺囊细胞为腔肠动物所特有。神经细胞专司感觉；刺囊细胞分布在体壁的外层及触手上，而且绝大多数分布在触手上，在其游离端有一个刺针，细胞内有一个刺囊，囊内藏着一条细管，当刺针受到刺激时，细胞就把刺囊释出来，囊内的长管翻出捕食、御敌或附着在其他物体上。内层细胞具有腺细胞和鞭毛细胞，腺细胞可在消化腔中分泌酵素，可以在细胞外消化。

鞭毛细胞可伸出伪足将食物摄入形成食泡来进行消化。

在水螅的个体中间央有一个有口而无肛门的消化循环腔或称为腔肠。向外有一个开口，即为口，口的周围有触手，可以做作运动或捕食的工作。水螅虽然有许多特化细胞，但还没有组织、器官的特化。

水螅的组织，在腔肠动物中算是比较简单的，在光学显微镜下，很难加以分析，水螅身体由内外两层细胞构成，内层比外层厚，并且具有液泡，两层之间被中胶质分隔，都含有未分化的间叶细胞，外层中的间叶细胞常集聚成块，遇到任何细胞损坏，都没法补救，除非大多数的间叶细胞变为刺细胞，内层包括二类细胞：一种为腺细胞能够分泌蛋白质分解酶；另一种为消化细胞能够吸取食物的颗粒。

电子显微镜显示水螅的体壁，上边覆盖有一层很薄的角质，收缩纤维的末端通常和相邻纤维末端接近，而且常常深入于中胶质中，腺细胞没有纤维，而且不与中胶质相连；腺细胞和消化细胞都有鞭毛，具有正常的鞭毛构造，但是唯一的区别是它比其他主物的鞭毛稍微粗一点。奇怪的是，虽然许多研究证明水螅有神经系统，但是到目前为止，电子显微镜还没有发现它。

（2）毒性状况

水螅属于海中的腔肠动物，腔肠动物的毒素是刺细胞的分泌物。刺细胞主要由毒素囊、毒囊管等组成。当动物受到外界刺激时，发射出刺细胞，由其毒囊管排出毒液，使受害者中毒。中毒的症状依据有毒动物的种类、被刺部位和受害者的敏感性而各不相同。

趣事话谈

水螅的奇特生殖方式

水螅是一种非常奇特的海底腔肠动物，这种动物的奇特之处就在于它有着不同的两种生殖方式：一种是有性生殖，另一种是无性生殖。

1. 水螅的有性生殖

水螅为水螅纲中非常特异的种类，生活史中完全无水母体，唯其生殖腺可以看作是水母体的遗传表现，雌雄异体，睾丸将精子放在水内；每一个卵巢，在成熟时仅生一个卵子，在卵巢内受精，卵子发育为实囊幼虫，只有在这个时候才与母体结合在一起，事实上，囊幼虫没有纤毛，它的体外分泌出一层外壳，当外壳脱落之后就孵化成为一个幼型波利普。

2. 水螅的无性生殖

水螅是以无性生殖的出芽法行生殖的，即由亲代个体分离一小部分而发育成为一个新的个体。这个个体可以脱离母体而独立生存，也可以附着在母体上组成群体而自营生活。无性芽体并不变成芽片，但却生出口及触手，并且仍与母体相连，后来，芽体的基部慢慢缩小，匍匐行动与母体分离，一个母体常具有若干芽体，而成为一个暂时性的群体。

海蜇

(1)体貌特征及生活习性

海蜇为海生的腔肠动物，隶属腔肠动物门，钵水母纲，根口水母目，根口水母科，海蜇属。蜇体呈伞盖状，通体呈半透明，白色、青色或微黄色，海蜇伞径可超过45厘米、最大可达1米，伞下8个加厚的腕基部愈合使口消失，下方口腕处有许多棒状和丝状触须，上有密集刺丝囊，能分泌毒液。其作用是在触及小动物时，可释放毒液麻痹，以做食物。海蜇在热带、亚热带及温带沿海都有广泛分布，我国习见的海蜇有伞面平滑口腕处仅有丝状体的食用海蜇或兼有棒状物的棒状海蜇，以及伞面有许多小疣突起的黄斑海蜇。

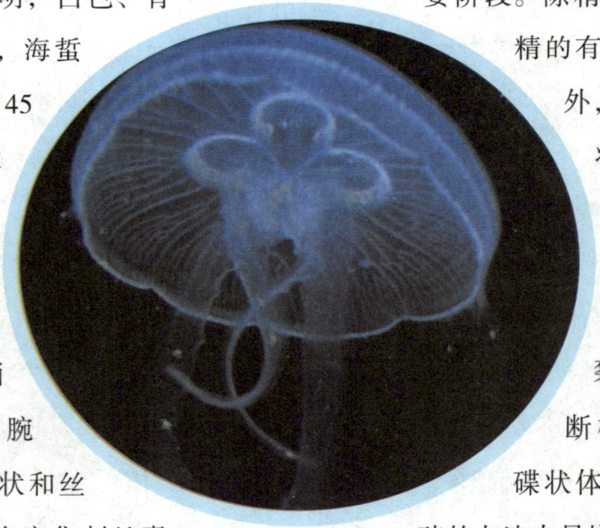

海蜇的生活周期历经了受精卵→囊胚→原肠胚→浮浪幼虫→螅状幼体→横裂体→蝶状体→成蜇等主要阶段。除精卵在体内受精的有性生殖过程外，海蜇的螅状幼体还会生出匍匐根不断形成足囊、甚至横裂体也会不断横裂成多个碟状体，以无性生殖的办法大量增加其个体的数量。

(2)分布情况

食用海蜇有4类，其中海蛰、黄斑海蜇和棒状海蜇3种在我国均有分布。海蜇为暖水性大型食用水母。伞径部隆起呈馒头状，直径最大为1米，为我国食用水母的主体。棒状海蜇个体较小，伞径为40～100毫米，中胶层薄，数量很少；仅分布于我国的厦门一带海区，也见于马达加斯加。黄斑海蜇主产于南海，伞径250～350毫米，分布于我国、日本、菲律宾、马来西亚、泰国、印度尼西亚、印度洋和红海。除海蜇属的种类外，在食用水母类中还有口冠水母科的沙蜇、叶腕水母科的叶腕海蜇和拟叶腕海蜇。在我国食用水母中，海蜇占80%以上。

我国近海北起鸭绿江口、南至北部湾的水域均有海蜇分布。资源量历史上以浙江近海最为丰富，但于20世纪80年代后大幅下降；只有辽东湾资源量大幅上升，为全国最大的主产区。海蜇为一年生个体，群体由单一世代组成，由此决定了其资源量的不稳定性。即使是在同一海区，不同年份的资源量也有较大波动。影响海蜇资源量变动的主要原因，是对幼蜇的乱捕及环境的变化。

（3）毒性情况

在近岸海域，这轻柔飘逸的动物，常引起人们极大的好感和兴趣。但是，可千万别下海纵情拥抱这样的动物，其后果和前景大都不是美好的。新鲜海蜇的刺丝囊内含有毒

液，其毒素由多种多肽物质组成，捕捞海蜇或在海上游泳的人接触海蜇的触手会被触伤，引致红肿热痛、表皮坏死，并有全身发冷、烦躁、胸闷、伤处疼痛难忍等症状，严重时可因呼吸困难、休克而危及生命。盛夏时节，正是海蜇生长活动的旺季，同时也是渔民在捕捞作业或游人在海滨游泳时易为其蜇伤的发病高峰期。我国沿海各海域均有海蜇分布，种类很多，其所分泌的毒素性质和危害不同。但由于人们个体的敏感性差异，故在海蜇蜇伤后轻者仅有一般过敏反应，重者可致死亡，所以必须注重有效的预防和积极的抢救治疗。

海蜇毒液蜇伤人体后可造成程度不同的损伤，如海黄蜂水母，刺丝可分泌类眼镜蛇毒，对人类危害最大，蜇伤后5分钟即可致人死亡。僧帽水母蜇伤人体后，患者多日才能消除伤痛。我国沿海常见有随寒流漂浮于黄海一带的沙海蜇，能分泌肽毒。黄斑海蜇主要分布于广东、广西沿海，有一定毒性。

人体皮肤薄嫩处最易被蜇伤，一般可在数分钟出现触电般刺痛感，数小时后伤区逐渐出现线电般刺痛感，数小时后伤区逐渐出现线状排列的有红斑的血疹，痒而灼痛，轻者可在20天左右自愈。敏感性强的患者局部可出现红斑水肿、风团、水泡、瘀斑，甚至表皮坏死。患者全身表现可有烦躁不安、发冷、腹痛、腹泻、精神不振及胸闷气短。重者多咳喘发作，吐白色或粉红色泡沫痰，并伴有脉数无力、皮肤青紫及血压下降等过敏性休克征象。若抢救不及时，这类蜇伤病人可在短时间内死亡。

（4）中毒后的及时处理

预防海蜇蜇伤最重要之处在于避免与海蜇接触，尤其是作业渔民要做好个人防护，切勿麻痹大意。捕捞时尽量用工具而不直接接触海蜇须，有特异敏感体质的人应禁上下海作业。海滨旅游地在海蜇汛期应设浮标栏网，并在海边建立醒目宣传警戒标志，并配合防伤害的科普教育宣传广播，以提高游人自我防护的知识和能力。下海游泳或在海中乘船者若发现海蜇千万不可碰触，更不能捕捞，因为在海上一旦发生意外，是很难找到相应的急救措施。一旦被海蜇蜇伤，伤者切不可惊慌，只要及时到医院诊治，一般都能较快好转和痊愈。反之，如果被蜇伤者举措失当或大意麻痹，则易出现溺水、跌伤或因救治不及时而发生危险和加重病情。

（5）价值及功效

海蜇有食用价值和医疗价值，其营养极为丰富，据测定：每百克海蜇含蛋白质 12.3 克、碳水化合物 4 克、钙 182 毫克、碘 132 微克以及多种维生素。海蜇还是一味治病良药。中医学认为，海蜇有清热解毒、化痰软坚、降压消肿之功。《归砚录》谓：“海蛇、妙药也，宣气化痰、消炎行食而不伤正气。故哮喘、胸痛、症瘕、胀满、便秘、带下、疳、疸等病，皆可食用。”加工后的产品，称伞部者为海蜇皮，称腕部者为海蜇头。就商品价值来说，海蜇皮贵于海蜇头。

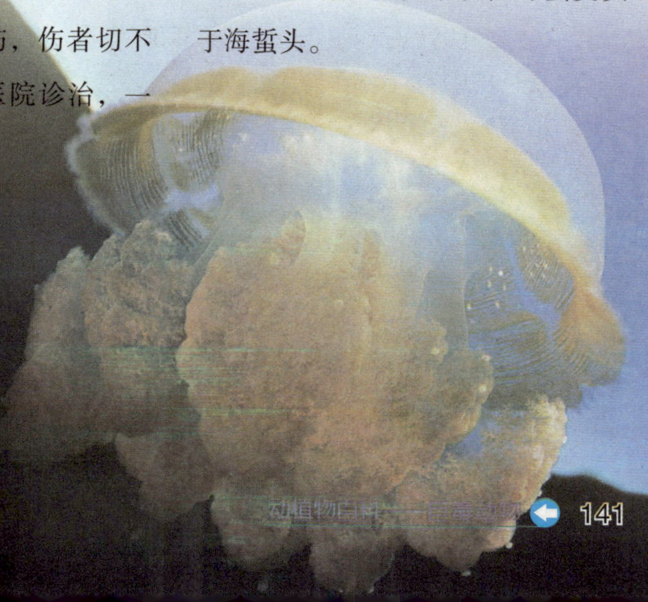

海　葵

（1）体貌特征及生活习性

海葵目共有1000种以上。直径从数公厘到约1.5米不等。体圆柱状，口周围有花瓣状触手，触手数常为6的倍数，通常为黄、绿或蓝色。基端附着在硬物上，如岩石、木头、海贝或蟹背上。海葵一般为单体，无骨骼，富肉质，因外形似葵花而得名。口盘中央为口，周围有触手，少的仅十几个，多的达千个以上，如珊瑚礁上的大海葵。触手一般都按6和6的倍数排成多环，彼此互生；内环先生较大，外环后生较小。触手上布满刺细胞，用做御敌和捕食。大多数海葵的基盘用于固着，有时也能作缓慢移动。少数无基盘，埋栖于泥沙质海底，有的海葵能以触手在水中游泳。

海葵的身体呈圆柱形，体表坚韧。海葵身体的上端有一个平的四盘，周围有许多中空的触手。身体下端是一个基盘，能够紧紧地固着在海中的物体上。海葵在水中不受惊扰时，触手伸张得像葵花，所以叫做海葵。若受惊扰时，整个口盘可以全部缩入消化腔中。海葵的基盘在物体上附着得很紧，用力把它从附着物上取下来时，它身体基部的一部分仍会碎留在附着物上。

海葵的食性很杂，食物包括软体动物、甲壳类和其他

无脊椎动物甚至鱼类等。这些动物被海葵的刺丝麻痹之后，由触手捕捉后送入口中。在消化腔中由分泌的消化酶进行消化，养料由消化腔中的内胚层细胞吸收，不能消化的食物残渣山口排出。

（2）分布情况

海葵广布于海洋中，多数栖息在浅海和岩岸的水洼或石缝中，少数生活在大洋深渊，最大栖息深度达 10210 米。在超深渊底栖动物组成中，海葵所占比例较大。这类动物的巨型个体一般见于热带海区，如口盘直径有 1 米的大海葵只分布在珊瑚礁上。

（3）毒性情况

海葵是一种有毒的海底腔肠动物，人和动物不慎接触后，会出现相应的中毒症状。早期中毒症状有运动失调、四肢无力、嗜睡、心动过速、心律失常。之后则会表现出消化道广泛出血、血压下降，体温降低等症状。中毒严重者症状继续发展，由于血循环量减少，会出现休克（或虚脱），最后还会因心脏和呼吸功能衰竭而死亡。

狗中毒后早期症状为呕吐、吐血及严重腹泻等，病理及组织学检查，可见到各脏器组织均有不同程度的损伤。晚期死亡可能因全身血流量减少，循环障碍，重要组织器官缺氧，引起生化代谢严重障碍，导致肾功能衰竭所致。

皮肤接触该毒素时，局部会出现烧灼感和肿胀感，并相继出现红肿与坏死等改变。当毒素液滴眼内染毒时，立即引起角膜、结膜炎症，愈合后常遗留疤痕，虹膜粘连，且往往继发青光眼。

似是而非

海葵的特殊构造

海葵形似植物但却非植物。

海葵的外表很像植物，但细胞内无细胞壁、叶绿体、液泡，其实是动物。

海葵共有1000多种，栖息于世界各地的海洋中，从极地到热带、从潮间带到超过10000米的海底深处都有分布，而数量最多的还是在热带海域。在岩岸贮水的石缝中，常见体表具乳突的绿侧花海葵。在我国东海，太平洋侧花海葵数量之多每平方米可达数百至近万个。在几平方厘米的贝壳、石块上，也会有紫褐色带桔黄色纵带的纵条肌海葵，当其收缩时酷似西瓜又名西瓜海葵。此外，还有触手众多的细指海葵等。

海葵的单体呈圆柱状，柱体开口端为口盘、封闭端为基盘。口盘中央为口，口部周围有充分伸展的软而美丽的花瓣状触手，犹如生机勃勃的向日葵，因而得名。触手的数目因种而异，但内环者大于外环，数目均为6的倍数，具有摄食、保卫和运动的功能。附着端的基盘，可分泌腺体吸附于石块、贝壳、海藻或木桩等硬物上。海葵口盘的直径大多为几厘米，但栖息于北太平洋沿岸和澳大利亚大堡礁的巨型海葵口盘直径可达1.5米之巨。海葵有着各种各样的颜色，绿的、红的、白的、桔黄的、具斑点或具条纹的或多色的，这些色彩来自何处呢，一是本身组织中的色素，二是来自与其共生的共生藻。共生藻不仅使海葵大为增色，而且也为海葵提供了营养。生活在热带珊瑚礁中的几种海葵，白天伸展着有色彩的部分使共生藻充分进行光合作用，到了晚上触手再伸出来以捕食。

海葵没有骨骼，在分类学上隶属于腔肠动物，代表了从简单有机体向复杂有机体进化发展的一个重要环节。它是一种原始而又简单的动物，只能对最基本的生存需要产生反应。海葵环绕在一个共同的消化系统周围的每一只触手能决定它所接触到的食物适宜与否，却没有向其他触手传递信息的功能。海葵的神经系统无法辨别周围环境的变化，只

有通过实际的接触，受到刺激才会发生反应。当海葵被触动时，许多触手都会发生一阵反射性痉挛，这说明有一些基本信号传递到了海葵的全身，但是只有直接参与和食物接触的触手才有抓取食物的反应。这些信号是非常简单的，因为每次接触所产生的反应都相同。只有当食物最终进入和消化系统接触的状态时，其他触手才会开始活跃起来，纷纷把自己折皱起来，这种反应的目的只有一个，就是摄取食物，将食物包围起来，送到嘴上进食。

海葵看上去好似一朵无害的柔弱的鲜花，但实际上却是一种靠摄取水中的动物为生的食肉动物。它的呈放射状的两排细长的触手伸张开来，在消化腔上方摆动不止，就像一朵朵盛开的花，非常的美丽，向那些好奇心

盛的游鱼频频招手。虽然不能主动出击获取猎物，但是当它的触手一旦受到刺激，那怕是轻轻的一掠，它都能毫不留情地捉住到手的牺牲品。海葵的触手长满了倒刺，这种倒刺能够刺穿猎物的肉体。它的体壁与触手均具有刺丝胞，那是一种特殊的有毒器官，会分泌一种毒液，用来麻痹其他动物以自卫或摄食。因此，海葵鲜艳动人的触手对小鱼来说，其实是一种可怕的美丽陷阱。海葵所分泌的毒液，对人类伤害不大，如果我们不小心摸到它们的触手，就会受到拍击而有刺痛或瘙痒的感觉。假如把它们采回去煮熟吃下，会产生呕吐、发烧、腹痛等中毒现象。因此，海葵既摸不得也吃不得。

珊瑚

（1）体貌特征及生活习性

珊瑚又叫做珊瑚虫，属刺胞动物门，当中也包括水母、水螅、软珊瑚、海葵等动物。珊瑚由很多珊瑚虫组成。每一珊瑚虫都有一个中空而底部密封的柱型身体，它的肠腔与四周的珊瑚虫连接，而位于身体中央的口部，四周长满触手。我们通常把珊瑚分为石珊瑚、角珊瑚及水螅珊瑚，它们有不同的形态特征。除了生物学分类外，我们亦可按生态功能，把珊瑚分为两大组。那些有共生藻（即虫黄藻）的珊瑚称为可造礁珊瑚，而那些没有共生藻的则称为不可造礁珊瑚。

石珊瑚中有一类名为深水石珊瑚，顾名思义它们栖息在深海。已知深水石珊瑚栖息最深的记录是在阿留申海沟 6296 ~ 6328 米处发现

的阿留申对称菌杯珊瑚。深水石珊瑚一般以单体为主，少数群体，且个体小，色泽单调。用拖网、采泥器在海洋不同深度的海底都可以采到。

石珊瑚中的浅水石珊瑚分布在浅水区，一般从水表层到水深40米处，个别种类分布可深达60米。绝大多数是群体。在热带海区生长繁盛。它们在水中生活时色彩鲜艳，五光十色，把热带海滨点缀得分外耀眼，故浅水石珊瑚区有海底花园的美称。

珊瑚在生物中，是一种海生圆筒状腔肠动物，名叫“珊瑚虫”。在白色幼虫阶段便自动固定在先辈珊瑚的石灰质遗骨堆上。珊瑚的化学成分主要为CaCo3，以微晶方解石集合体形式存在，成分中还有一定数量的有机质。形态多呈树枝状，上面有纵条纹。每个单体珊瑚横断面有同心圆状和放射状条纹。

在热带或亚热带区的印度－太平洋水域和大西洋－加勒比海区都有浅水石珊瑚生长。但是由于地理障碍（巴拿马地峡在600万年前已形成），这两个海区的浅水石珊瑚在演化过程中形成了两个截然不同的区系。

事实也证明，两个海区的石珊瑚无论是数量上还是种类上都有显著的差别。已知印度－太平洋区系石珊瑚有86个属1000余种（亦有人说是500种、800种），而大西洋－加勒比海区系有26个属68种（或25属50余种）。

浅水石珊瑚正常生长的海水盐度为27‰～42‰，而且要求水质清洁，又需坚硬底质。在河口，由于大陆径流奔泻入海，携带大量陆源性沉积物质，因而不宜浅水石珊瑚生长。所以，要在河口寻找浅水石珊瑚是徒劳的。

（2）分类情况

石珊瑚约有1000种；黑珊瑚和刺珊瑚约100种；柳珊瑚（或角珊瑚）约1200种；而蓝珊瑚仅存一种。

珊瑚在腔肠动物中是个统称，日常生活中凡造型奇特、玲珑透剔而来自海产的，人们就冠以“珊瑚”，凡“红色者”，统统称之“红珊瑚”。珊瑚通常包括软珊瑚、柳珊瑚、红珊瑚、石珊瑚、角珊瑚、水螅珊瑚、苍珊瑚和笙珊瑚等。此外，还有人误把体软的海鳃类和群体海葵也误

称为“珊瑚”。

软珊瑚、柳珊瑚及蓝珊瑚为群体生活。群体中的每个水螅体各有 8 条触手，胃循环腔内有 8 个隔膜，其中 6 个隔膜的纤毛用以将水流引入胃循环腔，另两个隔膜的纤毛用以将水流引出胃循环腔。骨骼为内骨骼。软珊瑚分布广泛，其骨骼由互相分离的含钙骨针组成。一些种类呈盘状，另一些有指状的突出物。角珊瑚在热带浅海中数量丰富，外形呈带状或分枝状，长度可达 3 米。角珊瑚包括所谓贵珊瑚（亦称红珊瑚、玫瑰珊瑚），可用作饰物，其中常见的种类有地中海的赤珊瑚。蓝珊瑚（也叫做深绿苍珊瑚）见于印度洋和太平洋中石珊瑚形成的珊瑚礁上，形成直径可达 2 米的块状。

石珊瑚是最为人所熟知、分布最广泛的种类，单体或群体生活。与黑珊瑚和刺珊瑚一样，石珊瑚的隔膜数为 6 或 6 的倍数，触手较简单而不呈羽状。石珊瑚、黑珊瑚和刺珊瑚与有亲缘关系的海葵的不同之处主要在于有外骨骼。石珊瑚见于所有海洋，从潮带到 6000 米深处。属群体生活的种类，其水螅体直径 1 ~ 30 毫米。大多数活体石珊瑚为浅黄色、淡褐色或橄榄色，依生活在珊瑚上的藻类而定。但其骨骼恒为白色。最大的营单体生活的石珊瑚为一种石芝属动物，直径可达 25 厘米左右。

石珊瑚的骨骼呈杯状，包住水螅体，其成分几乎纯为碳酸钙。其生长率取决于年龄、食物供应、水温以及种类的不同。环状珊瑚岛和珊瑚礁由石珊瑚的骨骼形成，其形成速率平均每年约 0.5 ~ 2.8 厘米。常见的石珊瑚种类包括瑙珊瑚、蘑菇珊瑚、星珊瑚和鹿角珊瑚等，均以其形态命名。

黑珊瑚和刺珊瑚呈鞭状、羽状、树状或形如瓶刷，分布于地中海、西印度群岛以及巴拿马沿岸海域。

宝石级珊瑚为红色、粉红色、橙红色。红色是由于珊瑚在生长过程中吸收海水中1%左右的氧化铁而形成的，黑色是由于含有有机质。具有玻璃光泽至蜡状光泽，不透明至半透明，折光率1.48 ~ 1.66。硬度3.5 ~ 4密度2.6 ~ 2.7克/立方厘米，黑色珊瑚密度较低，为1.34克/立方厘米。性脆，遇盐酸强烈起泡，无荧光。

（3）毒性情况

珊瑚是一种海底腔肠动物，具有一定的毒性。珊瑚体表有黄色球形的细胞，这些细胞就是造礁珊的小瑚细胞内的共生藻，而透明的长条则是珊瑚的刺细胞，可以射出毒针。

趣闻杂谈

红珊瑚杂谈

红珊瑚的颜色由浓到淡有着明显的差异，因而在不同国家和地区、不同时间，红珊瑚流行的颜色也各有不同。在美国，过去认为暗红珊瑚是最理想的品种，但不久，淡色色调流行，又一度后来居上。欧洲人喜爱玫瑰色，阿拉伯人则长期钟情于鲜红色。古罗马人认为珊瑚具有防止灾祸、给人智慧、止血和驱热的功能。珊瑚与佛教的关系密切，印度和中国西藏的佛教徒视红色珊瑚是如来佛的化身，他们把珊瑚作为祭佛的吉祥物，多用来做佛珠，或用于装饰神像，是极受珍视的首饰宝石品种。中国玉匠经过千百年的观察和实践，将种种质地和颜色不同的红珊瑚化之为“关公脸”“蜡烛红”等

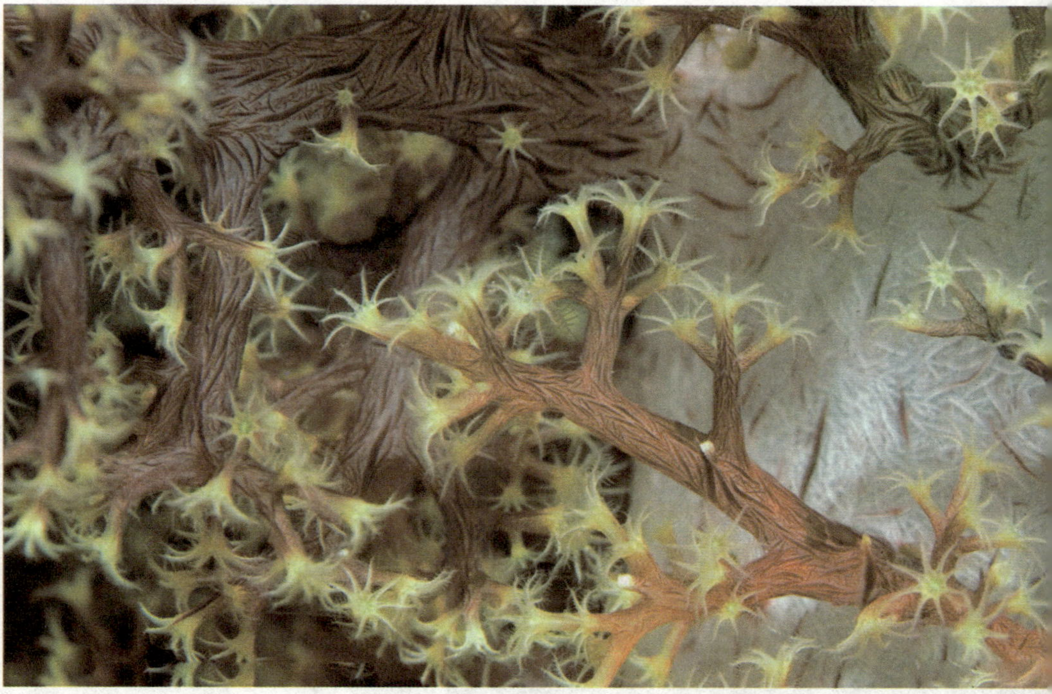

等，并依此口耳相传。这些极富民俗色彩的名称给每一位爱好者留下了深刻的印象。例如“油榨鬼”，它的枝干较粗，质地也算细腻，硬度高，但透明度过大，性脆，又有白蕊分布在枝干正中，所以质量稍差。再如“孩儿面”，它的小枝茂密，干上有色，有虫蛀现象，每一梢枝的白蕊都通到主干，两枝主干长到一起的情况亦有，但容易长不实，有缝隙，整体上都有明显的细纵纹。这些色调的红珊瑚只能用于低档首饰和镶嵌物。真正被誉为极品的“辣椒红”，由于历代过量开采早已难得一见。

红珊瑚不但色美，在佛典中还被尊奉为“七宝”之一，具有辟邪和尊贵的特性。在清朝，红珊瑚朝珠是一二品官员才能享用的身份标志，珊瑚的身价因此而倍增，除中原外，还畅销至西藏。据说当年西藏王爷头上戴的顶珠，就是最好的珊瑚。其他官员按职别高低，分别头戴等级不同的珊瑚帽顶，佩戴珊瑚成为民族习俗。民国时期，北京竟有全兴盛、三盛兴、恒圣兴等数家珠宝店铺因专做此类“蒙藏庄”的生意而扬名，这无一不证明红珊瑚的魅力和价值所在。

第六章　巨毒昆虫类、节肢动物类

在众多的动物当中，昆虫类和节肢动物类也是这个家族中的一员。在这些看起来个头不大的家伙中，有些还具有一定的毒性，一旦被它们蜇后很容易致命，认识和了解它们对我们来说极为重要。

胡蜂，细腰妖媚，但却是令人生畏的恐怖杀手；马蜂，个头虽小，却是惹不起的家伙；火红蚁，具有很好的咬食性，是生态环境的破坏者，对于人类它也常常不会放过；巴西毛毛虫，身上带有特有的漂亮的保护色，但却是一个令人发怵的巨毒昆虫；刺蛾，附肢上密布褐色刺毛，活像乱蓬蓬的头发，号称绝密伪装杀手；蝎子，天生一副凶悍样子，并配有一个让人生畏的毒尾刺，无论蜇到哪里都足以让你痛断心肠……

本章我们就来一一介绍这些有毒的昆虫类、节肢类动物。

胡　蜂

（1）体貌特征及生活习性

胡蜂也叫做纸巢黄蜂，是膜翅目胡蜂科胡蜂属昆虫的统称。广泛分布于全世界，令人见而生畏。长约16毫米，触角、翅和跗节橘黄色；体乌黑发亮，有黄条纹和成对的斑点。螫人很疼，但毒性不如常见的大胡蜂和小胡蜂。蜂窝是纸作的，由蜂王收集的木浆制成。一个蜂窝内有100个幼虫室，用短柄连接在牢固的悬垂物上。

胡蜂是膜翅目细腰亚目针尾部的1总科，蜂家族的一员。体壁坚厚，光滑少毛，静止时前翅纵折，具强螯针的蜂类。全世界约有1.5万种，已知5000种以上。中国记载200种。为捕食性蜂类。成虫体多呈黑、黄、棕三色相间，或为单一色。具大小不同的刻点或光滑。茸毛一般较短。

足较长。翅发达，飞翔迅速。静止时前翅纵折，覆盖身体背面。口器发达，上颚较粗壮。雄蜂腹部7节，无螯针。雌蜂腹部6节，末端有由产卵器形成的螯针，上连毒囊，分泌毒液，毒力较强。蛹为离蛹，黄白色，颜色随龄期而加深。头、胸、腹分明，主要器官均明显可见。很多蜾蠃以蛹越冬。幼虫梭形，白色，无足。体分13节。蜾蠃类幼虫在亲代成蜂构筑的封闭巢内，以亲代贮存的被麻醉的其他昆虫为食。其他类胡蜂的幼虫在巢中由成蜂饲喂嚼烂的其他类昆虫，幼虫食后常分泌一种成蜂喜食的液体。在幼虫消化道的中肠端部，由围食膜形成一个封闭囊，不与排泄孔相通。排泄物贮在此囊中，于体内呈游离状。化蛹以后，此囊干硬变黑，随蜕皮一起脱去。卵常呈椭圆形，白色，光滑，在每个巢室中有1枚，其基部有一丝质柄固着，直至孵出幼虫。因此，蜂巢巢口虽然向下，但巢内幼虫并不脱巢落下。

胡蜂是有社会性行为的昆虫类群。蜾蠃科的种类平时无巢，自由生活，在产卵时，由雌蜂筑一泥室或选择合适的竹管，产卵其中，同时贮藏在捕来之后经螯刺麻醉的其他类昆虫的幼虫或蜘蛛。一室一卵，分别封口，由卵孵出的幼虫取食所贮存的猎物。化蛹和羽化成蜂以后，即咬破巢口飞出。

在气温12℃～13℃时，胡蜂

出蛰活动，16℃～18℃时开始筑巢，秋后气温降至6℃～10℃时越冬。春季中午气温高时胡蜂活动最勤，夏季中午炎热，常暂停活动。晚间归巢不动。有喜光习性。风力在3级以上时停止活动。相对温度在60℃～70℃时最适于活动，雨天停止外出。胡蜂嗜食甜性物质。在500米范围内，胡蜂可明确辨认方向，顺利返巢，超过500米则常迷途忘返。

（2）分类情况

胡蜂一生营巢而居。蜂群中有后蜂、职蜂（或称工蜂）（雌性）和雄蜂的区别。后蜂为前一年秋后与雄蜂交配受精的雌蜂，它们把精子贮存在贮精囊中，到本年分次使用。雄蜂在交配后不久即死亡。天渐冷时，受精雌蜂纷纷离巢寻觅墙缝、草垛等避风场所，抱团越冬。翌年春季，存活的雌蜂散团外出分别活动，自行寻找适宜场所建巢产卵。它们所产的受精卵形成雌蜂，未受精卵形成雄蜂。由于职蜂增多，蜂巢逐渐扩大。职蜂负责筑巢和饲育幼虫。中国中部地区每年有3次发生高峰。秋后，巢中的雄蜂约占总数的1/3，为一年中雄蜂最多的时期。

治多种农林害虫。

（4）毒性情况

胡蜂能捕食蜜蜂、柞蚕等，在果园地区，常咬食果实造成减产。蜂毒毒性很大，受伤者非常疼痛，严重时可造成伤残或死亡。但是，胡蜂一般不主动攻击人畜。除在养蜂、养蚕地区和果园附近外，胡蜂实为一类消灭害虫的天敌昆虫，应受到人们的保护。

被胡蜂蛰咬后，应该给与重视，并且进行相应的紧急处理，处理方法如下：

①轻度蜇伤，应该即用碱水冲洗。

②中度蜇伤，可立即用手挤压被蜇伤部位，挤出毒液，这样可以大大减少红肿和过敏反应。或立即用食醋等弱酸性液体洗敷被蜇处，伤口近心端结扎止血带，每隔15分钟放松一次，结扎时间不宜超过2小时，并尽快到医院就诊。

（3）分布情况

中国河南、山西等省采取人工辅助越冬以及人工辅助建巢和迁巢的方法，利用胡蜂防治棉花害虫，甚有效果，而且比较经济。在秋后捕捉雌蜂放入笼内，将笼安置在避风场所，任其抱团，到来年春季，将这些雌蜂放入田间，任其在田间周围自然筑巢。也可以在大蜂棚内提供食物、饮水和建筑材料，令其在棚内建巢。在需要时，把巢移至田间，每亩3～5巢，有蜂100余头，即能基本控制鳞翅目害虫的为害。由于胡蜂有归巢习性，所以放蜂一次长期有效。其食性广，可防

马　蜂

（1）体貌特征及生活习性

马蜂又叫做蚂蜂、黄蜂，体形一般为中至大型，体表多数光滑，具各色花斑。上颚发达。咀嚼式口器。触角膝状。大大的复眼。翅子狭长，静止时纵褶在一起。腹部一般不收缩呈腹柄状。马蜂有简单的社会组织，有蜂后、雄蜂和工蜂，常常营造一个纸质的吊钟形的或者层状的蜂巢，在上面集体生活。马蜂的成虫主要捕食鳞翅目的小虫，因此，也是一类重要的天敌昆虫。

（2）毒性情况

马蜂毒性很大，其蜇针的毒液含有磷脂酶、透明质酸酶和一种被称为抗原5的蛋白，被马蜂蜇伤后应及时处理。

（3）马蜂追咬防御措施

一位昆虫学的教授说，马蜂作为一种益虫，以虫子为食，它一般只有在受到攻击的时候才蛰人，目前还没有一个好的防治马蜂的方法，平常采取的办法只有火烧、喷药剂灭杀。万一碰到马蜂，最好马上蹲下来，用衣服把头包好，这样可以临时预防。

（4）被马蜂蜇伤后的处理方法：

马蜂的蜇针是还有毒液的，因此，被马蜂蜇伤后应该及时采取措施，具体方法如下

①马蜂毒呈弱碱性，可用食醋或1%醋酸或无极膏擦洗伤处。

②马蜂蜇人后不会有毒刺留在身上。（如果是蜜蜂蛰的话就要把伤口残留的毒刺可用针或镊子挑出，但不要挤压，以免剩余的毒素进入体内，然后再拔火罐吸出毒汁，减少毒素的吸收。）

③用冰块敷在蛰咬处，可以减轻疼痛和肿胀。如果疼痛剧烈可以服用一些止痛药物。

④如果有蔓延的趋势，可能有过敏反应，可以服用一些抗过敏药物，如苯海拉明、扑而敏等抗过敏药物。

⑤密切观察半小时左右，如果发现有呼吸困难、呼吸声音变粗、带有喘息声音，哪怕一点也要立即送往最近的医院急救。

爱心小提示

不小心惹得马蜂“发火”时，可以趴下不动，千万不要狂跑，以免马蜂群起追击。被马蜂蜇后伤口会立刻红肿，且感到火辣辣的痛。此时，应马上涂抹一些食醋，使酸碱中和，减弱毒性，亦可起到止痛的作用。如果当时有洋葱，洗净后切片在伤口上涂抹，此外还可用母乳、风油精、清凉油等去除蜂毒，但切记不可用红药水或碘酒搽抹，那样不但不能治疗，反而会加重肿胀！若遭遇蜂群攻击时应立即就医，不可掉以轻心。

特别值得重视的是：任何损伤，都不要以土、破布、脏手绢等东西堵塞伤口，以免发生破伤风，造成人为的死亡。

红火蚁

（1）体貌特征及生活习性

红火蚁是火蚁的一种，体长2.4～6毫米，上颚4齿，触角10节，身体红色到棕色，柄后腹黑色。蚁巢向外突起呈丘状，直径一般小于46厘米。当蚁丘受到破坏时，红火蚁将异常愤怒。其可用后腹部的尾刺进攻入侵者，入侵者被蛰刺后次日会有水疱出现。

红火蚁的寿命与体型有关，小型工蚁寿命在30～60天，中型工蚁寿命在60～90天，大工蚁在90～180天。后蚁寿命在2～6年左右。红火蚁由卵到羽化为成虫大约需要22～38天，为单或多后制群体，后蚁每天可最高产卵800枚，一个几只蚁后的巢穴每天共可以产生2000～3000枚卵。当食物充足时产卵量即可达到最大，一个成熟的蚁巢可以达到24万头工蚁，典型蚁巢为8万头。

红火蚁成虫食性广泛，其捕杀昆虫、蚯蚓、青蛙、蜥蜴、鸟类和小哺乳动物，也采集植物种子。它们会进攻体型相对大的鸟类等的眼等要害器官。入侵红火蚁给被入侵地往往带来严重的生态灾难，是生物多样性保护和农业生产的大敌。

（2）分布情况

火红蚁分布于中国台湾、香港、广东、澳门。入侵红火蚁是最近进入中国的入侵物种，也是世界自然保护联盟收录的最具有破坏力的入侵生物之一。

（3）毒性情况

红火蚁入侵住房、学校、草坪等地，与人接触的机会较大，叮咬现象时有发生。其尾刺排放的毒液可引起过敏反应，甚至导致人类死亡。入侵红火蚁同时也啃咬电线，经常造成电线短路甚至引发小型火灾。

红火蚁的名称便是在描述被其叮咬后如火灼伤般疼痛感，因为被红火蚁咬后会出现如灼伤般的水泡。入侵红火蚁蚁巢在受到外力干扰骚动时极具攻击性，成熟蚁巢的个体数约可达到20万至50万只个体，因此入侵者往往会遭受大量的火蚁以螯针叮咬，大量酸性毒液的注入，除立即产生破坏性的伤害与剧痛外，毒液中的毒蛋白往往会造成被攻击者产生过敏而有休克死亡的危险，

若脓泡破掉，则常常容易引起细菌的二次性感染。据1998年所做的调查，在南卡罗来纳州约有33 000人因被红火蚁叮咬而需要就医，其

中有15%会产生局部严重的过敏反应，2%会产生有严重系统性反应而造成过敏性休克，而当年便有2件受火蚁直接叮咬而死亡的案例。

亚洲地区一直没有入侵红火蚁的报告发表，台湾旧纪录中有3种火蚁属种类被纪录，但未曾发现有入侵火蚁。但2003年9～10月于桃园与嘉义地区发现疑似火蚁入侵农地案例，经采样鉴定后确定危害美国、澳洲与新西兰的入侵红火蚁已于台湾地区发现，且陆续获知有农民与民众被蚂蚁叮咬而送医的案例。

(4) 辨别红火蚁

红火蚁是应当加以消灭的，但在消灭其的过程中一定要注意保护本地的蚂蚁和其他生态系统。一旦破坏了土生蚂蚁的栖息地就有可能造成生态位的空缺，反而有助于入侵红火蚁的传播和发生，因此必须对其予以认真区分，尤其是区分土著火蚁和入侵红火蚁。

入侵红火蚁成熟蚁巢明显拢起的蚁丘，是极容易快速认定入侵红火蚁的方法之一，因为目前台湾约270种蚂蚁中没有会筑出拢起地面高于10厘米以上蚁丘的种类，因此由小山丘的蚁丘是可为判定是否为入侵红火蚁的依据之一。但仍要注意，入侵红火蚁族群在未成熟前的蚁丘并不明显，容易与其他种蚂蚁的蚁巢造成判断上的错误。

巴西毛毛虫

（1）体貌特征及生活习性

毛毛虫一般指鳞翅目（蛾类和蝶类）昆虫的幼虫。具3对胸足，腹足和尾足大多为5对。一共有16条腿。

鳞翅目是昆虫纲中最常见的一目。色彩美丽，成虫体肢和翅满被鳞片和毛，故2对翅为鳞翅，且前翅大于后翅；虹吸式口器（原始的小翅蛾类上颚发达，为咀嚼式）；触角丝状、双栉状、栉状、棍棒状等多型；复眼发达，单眼2个或无单眼。全变态。幼虫体上生有刚毛，对刚毛的排列和命名称毛序，在分类上有重要意义。约有112000种，包括蛾类和蝶类。

毛毛虫大约在一年中的春夏两季即3～5月份的时候可以变为蝴蝶。

成虫是蝴蝶发育的最后阶段。成虫羽化之初，蛹壳于蛹翅之间，前中后三胸节的背中线以及头、胸两部分的连接线3处同时破裂。头部附肢（触角及喙管等）及前足先行伸出，中足、后足和翅随即拽出。足攀着他物后，体躯随即脱离蛹壳。柔软皱缩的翅片，会在5～6分钟内迅速伸展开来。但这

时的翅膜尚未干固，翅身还很柔软，不能飞翔。必须再隔 1 ~ 2 小时，才能展翅飞向天空。

（2）毒性情况

巴西毛毛虫是一种生活在巴西南部的飞蛾幼虫，从它身上漂亮的保护色便可知道他的毒性也不容小视。据说每年都有许多人因这种毛毛虫毒而死亡。同时这种毛毛虫的毒素也是一种非常好的凝血剂，可以用于突发事故伤口的处理。

趣闻杂谈

毛毛虫糗事

法国的一个科学家做过一个著名的“毛毛虫实验”。这些毛毛虫有跟随的习惯，就是总会跟随前面的毛毛虫，他就把毛毛虫搁在花盘的边缘上，首尾相接，围成一圈，在花盘不远的地方放着毛毛虫喜欢吃的和玩的东西，但是毛毛虫一开始就只是跟随前面的爬，就这样一个接一个的爬，竟没有发现身边的美食。终于在几天过去后，因饥饿和劳累全死了。

刺 蛾

（1）体貌特征及生活习性

刺蛾，又名扁刺蛾、八角虫、八角罐、洋辣子、羊蜡罐、白刺毛，成虫体长13～18毫米，翅展28～39毫米，体暗灰褐色，腹面及足色深，触角雌丝状，基部10多节呈栉齿状，雄羽状。前翅灰褐稍带紫色，中室外侧有1明显的暗褐色斜纹，自前缘近顶角处向后缘中部倾斜；中室上角有1黑点，雄蛾较明显。后翅暗灰褐色。卵扁椭圆形，长1.1毫米，初淡黄绿，后呈灰褐色。幼虫体长21～26毫米，体扁椭圆形，背稍隆似龟背，绿色或黄绿色，背线白色、边缘蓝色；体边缘每侧有10个瘤状突起，上生刺毛，各节背面有2小丛刺毛，第4节背面两侧各有1个红点。蛹体长10～15毫米，前端较肥大，近椭圆形，初乳白色，近羽化时变

为黄褐色。茧长 12 ~ 16 毫米，椭圆形，暗褐色。

（2）分布情况

刺蛾通常分布于东北、河北、山东、安徽、江苏、上海、浙江、湖北、湖南、江西、福建、台湾、广东、广西、四川、云南等地。国外也有。

（3）毒性情况

刺蛾幼虫肥短，蛞蝓状。无腹足，代以吸盘。行动时不是爬行而是滑行。有的幼虫体色鲜艳，受惊扰时会用有毒刺毛螫人，并引起皮疹。以植物为食。在卵圆形的茧中化蛹，茧附着在叶间。猴形刺蛾幼虫的附肢上密布褐色刺毛，像乱蓬蓬的头发。结茧时附肢伸出茧外，用以保护和伪装。

蝎 子

（1）体貌特征及生活习性

蝎子成体体长5～6厘米，身体可分为头胸部、前腹部和后腹部。头胸部、前腹部合在一起呈扁平长椭圆形。后腹部（可称尾部）由6节组成，分节明显，细长并能向上及左、右方向卷曲活动。尾节末端有钩状毒刺一个。头胸部背前缘两侧，各有2～5对侧眼，中央有1对中眼。头胸部还有附肢（脚）6对，第一对称螯肢，较短小，帮助取食用。第二对称脚须，强大，由4节组成，末端一节粗大，又称钳肢，供捕食用。还有4对较细长的步足，供行走和抱物之用。

蝎子整个身体似琵琶形，背面黑褐色，腹面浅黄色。头胸部的腹面前端有口器，稍后有生殖孔，其上覆盖有小甲片组成的生殖厣。生殖厣与口器之间的垂直甲缝称蝎蜕口，各龄蝎在蜕皮时从此处蜕出。前腹部的腹面有一对栉板，交配时作为刺激器官，还有四对肺书孔，作呼吸用。

蝎子一般栖息于山坡石砾中、落叶下、坡地缝隙、树皮内以及墙缝、土穴、荒地阴暗处。喜欢在潮湿的场地活动，在干燥的窝穴内栖息。胆小易惊，怕强光，昼伏夜出。

喜群居，好静不好动，多在固定的窝穴内结伴定居。夜间外出寻食、饮水以及交配。视力很差。以活动的小动物为食。具有极强的耐饥能力，可饥饿 70 ~ 80 天而不死。蝎子是卵胎生动物，雌性一般在 6 ~ 8 月间产下初生仔蝎，当年只能完成一次蜕皮，第二年完成第二次蜕皮，进入二龄，第三年完成第三次蜕皮，进入三龄，三龄蝎达到性成熟阶段。每年产仔一次，每次 30 只左右。寿命可达 10 年以上。

（2）分布情况

东亚钳蝎数量最多，分布最广，遍布我国 10 余省，其中以山东、河北、河南、陕西、湖北、辽宁等省分布较多。在撒哈拉沙漠等沙漠地

带，蝎子也分布较广。

（3）毒性情况

尾刺是主要药用部位，亦名毒刺、毒针、螯刺，位于身躯的最末一节。它是由一个球形的底及一个尖而弯曲的钩刺所组成，从钩刺尖端的针眼状开口射出毒液。蝎毒液是由一对卵圆形、位于球形底部的毒腺所产生，毒腺的细管与钩针尖端的两个针眼状开口（毒腺孔）相连。每一个腺体外面包有一薄层平滑肌纤维，借助肌肉强烈的收缩，由毒腺射出毒液，用以自卫和杀死捕获物。《本草衍义》中说：“蝎，大人小儿通用，治小儿惊风不可阙也”。有用全者，有只用梢者，梢力尤功，所谓“梢力尤功”，指蝎毒之效。尾刺只能上下垂直活动，不能左右

摆动，掌握此点，可以用大拇指和食指正面捏住尾刺，而不致被蜇伤。

（4）价值及功效

①药用价值

随着现代医学的发展，国内外对蝎毒进行分离纯化的研究证明，蝎毒中毒蛋白不仅含量高，而且还具有独特的生理活性，临床上主要用于神经系统、脑血管系统，对恶性肿瘤、顽固病毒病和艾滋病等有特殊疗效。在农业生产中，蝎毒主要用于制造绿色农药。我国对蝎毒的研究起步较晚，应用技术研究相对落后，这已经引起了我国科学工作者的高度重视，其应用技术已进入试生产阶段。

②食用价值

蝎子作为一大名菜早已进了宾馆、饭店甚至于寻常百姓的餐桌。常食之不仅有良好的去风、解毒、止痛、通络的功效，而且对于消化道癌、食道癌、结肠癌、肝癌均有疗效。目前，蝎子制品作为良好的

滋补和保健食品正兴起于大江南北。蝎子之所以能够被老百姓接受，是因为它体内含有人体所必需的氨基酸 17 种，微量元素 14 种，是一种滋补的佳品，并且有调节人体机能，促进新陈代谢，增强细胞活力，对神经系统、心血管、乙肝、肾炎、胃炎、皮肤病及肝癌等多种疑难病症有独特的预防和治疗作用，具有滋补健康之功效。

趣闻杂谈

蝎子的那点事儿

众所周知，蝎子是冷血动物，几乎没有视力，全靠触觉，所以一旦他感觉周边稍微有些动静，就支楞着尾巴作警惕状。不过，蝎子有个缺点，它的尾刺只能上下垂直活动，不能左右摆动，所以你千万不要被电视电影中的所谓蝎子造型所迷惑，万一你要碰到蝎子出行，你又想来顿油炸蝎子爽口的话，大可以用大拇指和食指捏住尾刺，便不会被蜇伤。但是，如果不小心操作不当的话也是很容易被蝎子蜇了的，蝎子毒素中带有神经毒素、溶血毒素、出血毒素等，功效强劲，因此，被蝎子蜇了之后一定要及时找医生救治。

但是，大凡毒物一般都是药物，《本草衍义》中就提到了蝎子可以治疗治小儿惊风，而且只有尾巴稍上那段最好用，其实也就是采用蝎毒来做药品。如果你偶然遇到了蝎子，而且对之万分恐惧，那么你只要倒点水就能简单的弄死它，当然要稍微淹没它。因为它的腹部两侧排列着的白色圆孔就是它的气孔，水深超过一厘米，蝎子就会因为窒息丢了性命。问题在于，蝎子大多时候都直接在墙面上出现，所以这个时候你最好期望能有只壁虎拔刀相助。壁虎是对付蝎子的好手，蝎子一碰到壁虎，或者说蝎子感觉到周围有什么不对的动静，就立住不动，尾刺高耸。壁虎便会游刃有余地绕着蝎子走上几圈，然后忽然一逼近，用尾巴尖一点蝎子的背部，蝎子的反击来的很快，一弯钩子就刺中壁虎尾巴，可是壁虎的尾巴尖一拧就掉。结果壁虎还是绕着蝎子打圈，过一段时间就挑逗一次，来个三两次，蝎毒用光了，壁虎就一跃而上，咬开蝎子的肚皮开始进餐。

在民间，一般都认为母蝎子比较狠毒。其中有两个原因：其一，公母蝎子交配时，公蝎子非常辛苦，它的体内只有两根精棒，一辈子只能过两次性生活；可是他还要时刻关注母蝎子的情绪，万一精棒刺入母蝎的体内，对方感到很难受就会吃掉自己，所以要随时准备逃跑。其次，当母蝎子生产时，小蝎子们从她腹部生殖腔爬出，便会自动爬到母蝎子的背上，以躲避天敌，如果有哪个小蝎子体弱不支，无法爬上，母蝎子就会毅然吃掉它，这颇有点斯巴达人检查婴儿的严酷风格。

巴勒斯坦毒蝎

（1）体貌特征及生活习性

巴勒斯坦毒蝎与普通蝎子的体貌特征及生活习性基本无异。成蝎外形，好似琵琶，全身表面，都是高度几丁质的硬皮。成蝎体长约50～60毫米，身体分节明显，由头胸部及腹部组成，体黄褐色，腹面及附肢颜色较淡，后腹部第5节的颜色较深。蝎子雌雄异体，外形略有差异。头胸部，由6节组成，是梯形，背面复有头晌甲，其上密布颗粒状突起，背部中央有一对中眼，前端两侧各有3个侧眼，有附肢6只，第一对为有助食作用的螯肢，第二对为长而粗的形似蟹螯的角须，可捕食、触觉及防御功能，其余4对为步足。口位于腹面前腔的底部。

前腹部较宽，由7节组成。后

腹部为易弯曲的狭长部分，由5个体节及一个尾刺组成。第一节有一生殖厣，生殖厣覆盖着生殖孔。雌蝎可从生殖孔娩出仔蝎，雄蝎可从生殖孔中产出精棒，与母蝎殖孔相交。雄蝎体内只有两根精棒，一生只能交配两次。雌蝎交配1次，可连续生育4年，直到寿命结束。蝎子的寿命5～8年。蝎子为卵胎生，受精卵在母体内完成胚胎发育。气温在30℃～38℃之间产仔。

（2）分布情况

巴勒斯坦毒蝎主要生活在以色列和远东的其他一些地方。

（3）毒性情况

地球上毒性最强的蝎子——巴勒斯坦毒蝎，在毒王榜上排名第5。它长长的螯的末尾是带有很多毒液的螯针，其毒牙足以穿透人类的指甲。趁你不注意刺你一下，螯针释放出来的强大毒液会让你极度疼痛、抽搐、瘫痪，甚至心跳停止或呼吸衰竭。与多数过着宁静生活的蜘蛛不同，这种小家伙极具侵略性，一旦受到打扰就会举起后腿，并不断咬受害者。

黑寡妇蜘蛛

（1）体貌特征及生活习性

“黑寡妇”蜘蛛身体为黑色，雄蜘蛛腹部有红色斑点，身长在2～8厘米之间。由于这种蜘蛛的雌性在交配后立即咬死雄性配偶，因此民间为之取名为“黑寡妇”。

成年雌性黑寡妇蜘蛛腹部呈亮黑色，并有一个红色的沙漏状斑记。这个斑记通常是红色的，有些可能介于白色和黄色间或是某种红色到橘黄色间的颜色。对某些物种，斑记可能是分开的两个点。雌性黑寡妇蜘蛛包括腿展大约38毫米长。躯体大约13毫米长。雄性黑寡妇蜘蛛大小约只有雌性蜘蛛的一半，甚至更小。它们相对于躯体大小具有更长的腿和较小的腹部。它们通常呈黑褐色，并具有黄色条纹以及一个黄色的沙漏斑记。

成年雄性蜘蛛可以通过更纤细的躯体和更长的腿和更大的须肢和未成年雌性蜘蛛区别开来。

黑寡妇蜘蛛通常生活在温带或热带地区。它们一般以各种昆虫为食,不过偶尔它们也捕食虱子、马陆、蜈蚣和其他蜘蛛。当猎物缠在网上,黑寡妇蜘蛛就迅速从栖所出击，用坚韧的网将猎物稳妥地包裹住，然后刺穿猎物并将毒素注入。毒素10分钟左右起效，此间猎物始终由蜘蛛紧紧把持着。当猎物的活动停止，蜘蛛将消化酶注入伤口。随后黑寡妇蜘蛛将猎物带回栖所待用。

（2）分布情况

黑寡妇蜘蛛是一种广泛分布的大型蜘蛛，热带及温带地区均有发现。如几何寇蛛分布于非洲；库拉卡维寇蛛分布于南、北美洲；豪猪寇蛛、苍

白寇蛛分布於南欧、北非和西南亚。

（3）毒性情况

在南非，黑寡妇蜘蛛被称作纽扣蜘蛛。红背蜘蛛，可能不会想到它是澳大利亚俩种最毒的蜘蛛之一——它的原名叫黑寡妇蜘蛛。

“黑寡妇”蜘蛛性格凶猛，富于攻击性，毒性极强。而且，它叮咬人时常常不会被注意，但数小时内，人就会开始出现恶心、剧烈疼痛和僵木，偶然还会出现肌肉痉挛、腹痛、发热以及吞咽或呼吸困难。轻度中毒者经医治一两天后可以出院，重者则要在医院耗上一个月甚至还会出现生命危险。

尽管黑寡妇蜘蛛毒素的毒性很强，但注射剂量很小，且寡妇蜘蛛咬人导致死亡的案例非常少。在 1950 年至 1959 年间美国只发生了 63 例报导。黑寡妇蜘蛛的毒液会促进神经递质乙酰胆碱的释放。乙酰胆碱作用于肌肉，能引起肌肉的收缩。一般而言，黑寡妇蜘蛛的毒素对儿童和体弱者威胁较大。在毒液中含有多种活性成分、蛋白质毒液，这种蛋白可以促进乙酰胆碱的释放；此外还有一些分子量相对较小的多肽和毒素，这些小分子物质与细胞表面的阳离子通道在空间结

构上显示出一定的同源性，能够与离子通道特异结合，它们能影响钙、钠和钾等阳离子的离子通道；另外还有更简单的小分子化合物，如腺苷，鸟苷，肌苷，和2，4，6-三羟基嘌呤。毒素的转移机制是起先由淋巴系统携带最终进入血液系统。一旦进入血液，毒素随循环系统分布到机体各处的神肌接头处，并在那里沉积。影响最严重的是背部、腹部和大腿的肌肉区域。在神经肌肉接头处，这种蛋白质毒液与钙离子通道结合，使后者持续打开，大量钙离子在浓度梯度的驱动下进入神经细胞，触发乙酰胆碱从突触小泡释放，不断释放的乙酰胆碱与分布在肌肉上的受体结合后引起肌肉的持续收缩，从而导致痉挛——持续、强烈而痛性的肌肉收缩。标准治疗方案一般为对症治疗，包括止痛、肌肉弛缓，较少情况下也使用抗毒血清。毒素一般不在咬伤口处致病，除非有继发感染。

悉尼漏斗网蜘蛛

（1）体貌特征及生活习性

悉尼漏斗网蜘蛛成体的体长可达6～8厘米，尖牙长度可达1.3厘米，发起袭击时毒牙向下像匕首似的向下猛刺，因此漏斗网蜘蛛要昂首立起，才能露出毒牙向下猛咬。

（2）分布情况

悉尼漏斗网蜘蛛分布与澳洲东海岸地区。

（3）毒性情况

悉尼漏斗网蜘蛛是一种黑的发亮的巨毒蜘蛛。所有的蜘蛛都有毒性，只是毒性大小不同。

比较著名的毒蜘蛛，例如美国的黑寡妇蜘蛛、隐士蜘蛛，西北部的太平洋海岸的流浪汉蜘蛛，但这些蜘蛛都比不上悉尼漏斗网蜘蛛来得致命和危险。更可怕的是，悉尼漏斗网蜘蛛经常出现在城市里。悉尼漏斗网蜘蛛原产于澳洲东岸，这种易怒的生物堪称世界上攻击性最强的蜘蛛，它的一次蛰咬可在不到一小时内杀死一名成年人。

漏斗网蜘蛛释放毒液的器官是一对强劲有力、足以穿透皮靴的尖牙。蛰咬后数分钟内即可感受到超强毒性的影响，漏斗网蜘蛛的毒液会迅速蔓延，会产生痉挛性的瘫痪。患者会肌肉痉挛，有时极为剧烈，最后患者会陷入昏迷状态。毒素会侵袭呼吸中枢，患者最终将窒息而死。数十年来，澳洲人对这种巨毒蜘蛛的恐惧始终不减，但在1981年，经过14年的研究之后，研究人员终于制造出一种抗毒剂，拯救了数百条人命。